谦德少年文库

QIANDE JUVENILE LIBRARY

给孩子的几何四书

几何计算

许莼舫 著

团结出版社

图书在版编目(CIP)数据

几何计算 / 许莼舫著. — 北京 : 团结出版社,2020.9

（给孩子的几何四书）

ISBN 978-7-5126-8441-6

Ⅰ. ①几… Ⅱ. ①许… Ⅲ. ①几何–青少年读物

Ⅳ. ①O18–49

中国版本图书馆CIP数据核字(2020)第227053号

出版: 团结出版社

（北京市东城区东皇城根南街84号 邮编: 100006）

电话:（010）65228880 65244790 (传真)

网址: www.tjpress.com

Email: zb65244790@vip.163.com

经销: 全国新华书店

印刷: 北京天宇万达印刷有限公司

开本: 145×210 1/32

印张: 25

字数: 350千字

版次: 2021年1月 第1版

印次: 2021年1月 第1次印刷

书号: 978-7-5126-8441-6

定价: 128.00元（全4册）

作者的话

有些中学同学在学习平面几何学的时候，由于对基本概念了解得不够清楚，即使对定理和法则都明白也不会灵活运用，因此难于获得良好的学习效果。作者因为有这样的感觉，才编写了这一套小书。这套书分《几何定理和证题》《几何作图》《轨迹》和《几何计算》四册。内容主要是：(1) 帮助同学们透彻了解教科书里的材料；(2) 把这些材料分类和总结，指导同学们去运用，从而掌握解题的正确方法；(3) 通过多道例题，对同学们做出较多的引导和启示，借此获得观摩的效果；(4) 提供一些补充材料，使同学们扩大眼界，充实知识，提高理论基础水平，为进一步学习创造有利条件。

本书在第一章里，详细介绍了许多基本知识，使同学们对几何量有一个彻底的认识，再详示解计算题的步骤和应注意的事项，使同学们在实际解题时可以一丝不乱，改正错误。

关于几何量的可通约和不可通约的两种情况，以及几何比例基本定理对这两种情况的普通适用，是同学们很难理解的，本书特地做了浅显的讲解，并用实例说明极限的定理，借此把几何计算的理论基础打好，以便和实际联系起来。

从第二章起，分类把各种几何计算做系统的讲述，尽量把重要定理译成简明的公式，并多举范例，达到启示思考的过程，培养同学们运用定理的能力。此外，关于几何计算在日常生活和测量上的应用，本书特地另举了一些范例和研究题，并且还介绍了几个中国古代的几何计算题，可以增加学习兴趣。

本书在编写时虽经仔细斟酌，但错误之处还恐难免，希望读者多多批评和指正。

许莼舫

目录

contents

一　基本知识

什么是几何计算题

有这样一个问题：

“正五角星的五个顶角各是多少度？”

所谓正五角星，就是我们中华人民共和国的国旗上的图案，同学们对它都是非常热爱的。

关于正五边星形的性质，在“几何作图”一书里已经讲到了一些，如果你读过那本书，那么对正五角星的性质一定都很熟悉了，上面举的问题也就不难解答了。

要解答上述的问题，必须先知道正五角星是由一个正五角形的五条对角线所围成的，其实是一个“凹十角形”。它有十条相等的边——AF、FB、BG、GC、CH等；五个相等的“顶角”——$\angle JAF$、$\angle FBG$等；五个相等的“叉角”——$\angle AFB$、$\angle BGC$等。它同正五角形一样，也有一个外接圆，

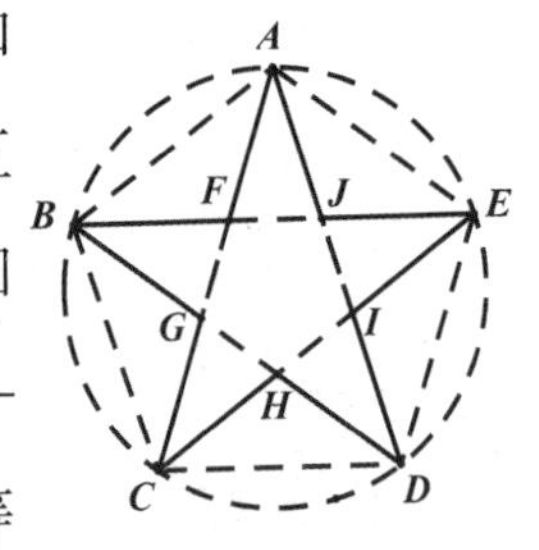

各顶点分这外接圆成五等份。从这些性质，以及我们以前学过的许多几何定理，就可以用下举的两种解法，来求正五角星的顶角的度数。

解法一 因$\overset{\frown}{CD}$是全圆周的$\frac{1}{5}$，所以

$\overset{\frown}{CD}=\frac{1}{5}\times360°=72°$。

又因$\angle JAF$是$\overset{\frown}{CD}$所对的圆周角，从圆周角的定理，知道这一个角可以拿$\frac{1}{2}\overset{\frown}{CD}$来计算它，所以

$\angle JAF=\frac{1}{2}\times72°=36°$。

同理，其他的各顶角也都是36°。

解法二 从三角形的外角定理，知道

$\angle AJF=\angle B+\angle D$（为便利计，$\angle FBG$简称$\angle B$，以下同），

$\angle AFJ=\angle C+\angle B$。

但又从三角形的内角定理，得

$\angle A+\angle AJF+\angle AFJ=180°$，

$\therefore\quad \angle A+\angle B+\angle C+\angle D+\angle E=180°$。

又因正五角星的五个顶角都相等，所以

$5\angle A=180°$，$\angle A=36°$。

其余同理。

注 从上举的解法，我们知道要求圆中其他各角的度数，其实很容易。像$\angle BAF$、$\angle ABF$等都是36°，$\angle AFJ$、$\angle AJF$等

都是72°，$\angle AFB$、$\angle BGC$等都是108°。圆中所有的角，除掉大于180°的钝角外，不外乎为这三种度数，这三种度数——36°、72°、108°——恰巧顺次成功一串“等差级数”。

讲过了这一个问题的解法，我们为了要对这可爱的正五角星作更进一步的认识，这里再提出如下的一个新问题：

“已知正五角星中相邻两点的距离是2寸，求（1）边长；（2）相邻两叉点的距离——JF、FA等；（3）相对两顶点的距离——BE、AC等”。

要解决这一个问题，必须进一步认识到前图中所有的一切三角形都是等腰三角形。在这些等腰三角形中，顶角是36°，底角是72°的有二十个，它们都是相似△，其中的$\triangle AFJ$等五个全等，$\triangle ACD$等五个全等，$\triangle ABG$等十个全等；顶角是108°，底角是36°的有十五个，也都是相似△，其中$\triangle ABF$等五个全等，$\triangle ABE$、$\triangle HBE$等十个全等。

从“相似三角形的对应边成比例”的定理，由$\triangle BAJ$和$\triangle AJF$，得

$BA:AJ=AJ:JF$。

因$BA=BJ$，$AJ=BF$，代入上式，得

$BJ:BF=BF:JF$……………………（i）。

又由$\triangle ABE$和$\triangle FAB$，得

$BE:AB=AB:FA$。

因$AB=BJ$，$FA=JE$，代入上式，得

$BE:BJ=BJ:JE$……………………(ii)。

式(i)所表示的是线段BJ被F点所分，其中BF是JF和全线BJ的比例中项，我们称作线段BJ被F分成“外中比”。同理，式(ii)所表示的是线段BE被J分成外中比。

注　前图中所有的线段，不出四种长度，最长的像BE、AC等五条，可简称作“对顶距”，用a表示；短的像AB、BC等，可简称作“邻顶距”，连同相等的BJ、AG等共计十五条线段，都用b表示；更短的像BF、JE等十条边，用c表示；最短的像JF、FG等五条线段，可简称作“邻叉距”用d表示，因为从(i)和(ii)知道

$$a:b=b:c=c:d,$$

所以这四种长度顺次恰成“等比级数”。

根据这些性质，可用下法解前举的新问题：

解　设边长$BF=X$寸，已知$BJ=AB=2$寸，所以$JF=(2-x)$寸。根据公式(i)，得比例式

$2:x=x:(2-x)$。

化为等积式，移项，得二次方程式

$x^2+2x-4=0$。

解得　$x=\frac{-2\pm\sqrt{4+16}}{2}=\frac{-2\pm2\sqrt{5}}{2}=-1\pm\sqrt{5}$。

因负值不适用，故得边长为$-1+\sqrt{5}\approx^{\star}-1+2.236=1.236$寸，邻叉距是$2-1.236=0.764$寸。

又设对顶距$BE=y$寸，因已知$BJ=AB=2$寸，故$JE=(y-2)$寸，根据公式(ii)，得比例式

$y:2=2:(y-2)$。

化为等积式，再移项，得

$y^2-2y-4=0$。

解得　$y=\frac{2\pm\sqrt{4+16}}{2}=\frac{2\pm2\sqrt{5}}{2}=1\pm\sqrt{5}$。

同前，得对顶距为$1+\sqrt{5}\approx1+2.236=3.236$寸。

在上面所述的两个问题中，所有的角、弧和线段，都是有大小可以度量的，叫作几何量。我们要度量一个几何量，必须先取一个适当的同类量做单位，如“度”“寸”等，用其来量欲测的几何量，看它含该单位量的多少倍。所得倍数就是欲测的量对于单位量的比值，叫作“该量的测度”。例如：线段的单位用寸，假使一线段的长度是1寸的2倍，即这条线段对于1寸的线段的比值是2，那么该线段的测度就是2。

有些几何图形，可以根据已知的性质或几何定理，求出其中的某些几何量的测度，像前面举的第一个问题就是。又有些几何图形，必须有一部分几何量的测度为已知，

⋆.≈是“近值”的符号。

才能根据已知的性质或几何定理，求出另一部分的测度，像前面举的第二个问题就是。这两种问题，都是几何学中的计算题。

同学们都知道，几何定理就是关于各种几何图形的性质的叙述。古代的劳动人民，需要在生产实践中计算各种几何量，像定方向、测高深、求地积等，于是发现了许多几何定理。可见几何学是在生产实践中发生和发展的，人们最初是从丰富的实际经验中总结出几何定理，接着再用理论方式加以证明，最后又拿来供给实际的应用，是理论和实际的密切结合。我们学习几何计算题，可以把已经学习的几何定理联系到实际上去，使学用一致的教育目标更具体、更明确。

解计算题要用哪些定理

在解前面两个几何计算题时，要用到下列的几个几何定理：

(1) 圆周角的度数等于它所对的弧的度数的一半。

(2) 三角形三内角的和是两直角的和。

(3) 两个三角形的两组角彼此分别相等，那么两三角形相似。

(4) 相似三角形的对应边成比例。

许多定理都是关于几何量的比较，就是量的相等和不等。初等几何所研究的图形性质，多数是关于量的比较，以及从此推得的其他情形，像直线的平行和垂直之类。这些性质，都和度量有关，叫作“图形的度量性”。

另外还有许多几何定理，是研究多线或多圆共点、多点共线或共圆等性质的，这些只是表示点、线、圆等相互间的位置关系，和度量无关，叫作“图形的非度量性”。

凡是关于图形的度量性的定理，在解几何计算题时一定要用到，所以我们要想掌握各种计算题的解法，必须先熟悉这些定理。至于图形的非度量性定理，虽然在计算上一般不用，但有些问题必须先行确定图形的某些特性，然后才能着手计算，那时就要用到它了（像〔范例18〕等就是）。照这样看来，我们必须熟悉全部的几何学定理，对解决计算题方才可以得心应手。

怎样用数表几何量

我们已经谈过：要用数来表示几何量的大小，必先定一个单位，看这几何量是单位量的多少倍，这倍数就是这几何量的测度。例如：在右图中，假定$\triangle ABC$的$\angle C$是直角，$\angle B$是$\angle A$的两倍，那么根据定理“直角三角形的一锐角是另一锐角的二倍时，斜边一定是短的直角边的二倍”，定a边的长为单位时——就是a边的测度为1，c边的测度一定是2。

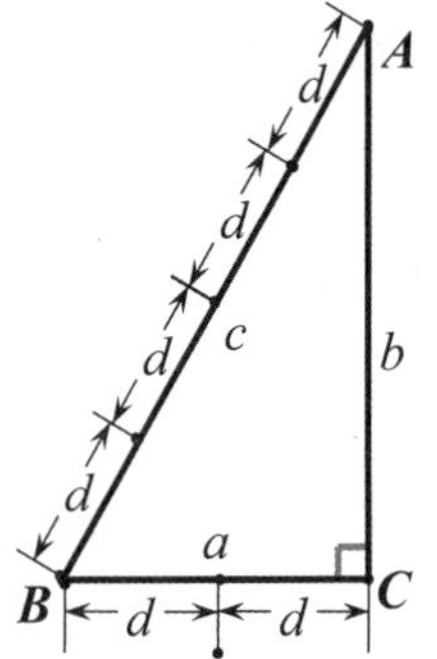

但是，如果我们改定c边的长为单位，那么a边的测度就是$\frac{1}{2}$。可见量的大小虽一定，但它的测度却跟着单位而有所不同，因此测度的数并不是绝对的。

在上面举的实例中，c恰是a的整数倍——2倍，我们称c是a的倍量；换过来说，a是c的约量。又设d是a的一半，那么a是d的倍量——2倍，c也是d的倍量——4倍，这d叫作a

和c的公约量（或公度）。

a和c既然有公约量d，我们就用d的长来量a，经两次而量尽；用d来量c，经四次而量尽。像这样，两个量能同时被它们的公约量所“量尽”，实际和算术里的两个数能同时被它们的公约数所“除尽”一样。这种有公约量的两个量，叫作可通约量（或可公度）。

两个量要有什么条件，才是可通约量呢？这一个问题很简单，可用下面举的两例来说明：

〔例一〕　有一长一短两条线段，长的是1尺6寸，短的是2分，当用尺做单位，或用寸做单位时，不能同时量尽，但用分做单位时，量长线段得160次，量短线段得2次，都可以量尽，这1分的长就是两线段的公约量。

〔例二〕　同上，长线段是1寸，短线段是$\frac{2}{3}$寸，因为$\frac{2}{3}$可化成小数0.666……，是永无穷尽的循环小数，所以无论用寸做单位，还是用分或厘或毫……做单位，都不能同时量尽。那么这两条线段是不是没有公约量呢？不，我们若用$\frac{1}{3}$寸做单位，量长线段得3次，量短线段得2次，全都量尽，可见它们有公约量$\frac{1}{3}$寸。

考察这两个例子中的每两个数，知道$\frac{160}{2}=80$是一个整数；$\frac{1}{\frac{2}{3}}=\frac{3}{2}$是一个分数。这整数和分数统称有理数，可见两个几何量的比是有理数，它们一定是可通约量。

那么是不是任何两个几何量都是可通约量呢？要解决这个问题，可参阅下面的例子：

设前图中的A边是单位长，测度是1，那么C边的测度是2，根据勾股定理，得

$$b=\sqrt{c^2-a^2}=\sqrt{2^2-1^2}=\sqrt{4-1}=\sqrt{3}。$$

$\sqrt{3}$表示把整数3开平方，我们用算术的开平方法，计算得1.7321……它的小数位数多到无穷，也不会循环，这样的数既不是整数，也不是分数，我们称它为无理数，这时的长线段B是1.7321……寸，短线段A是1寸，我们无论用寸、用分、用厘，以至用极小的单位去量，都不能同时量尽；再用几分之几寸、几分之几分……去量，也是一样。因而这两个几何量就没有公约量。

可见两个几何量的比是无理数——像上面的例子中的$\frac{b}{a}=\frac{\sqrt{3}}{1}=\sqrt{3}$，一定没有公约量，可称作不可通约量（或不可公度）。

再假定拿前图中的B边作为单位长，从勾股定理，得

$$(2a)^2=a^3+1，就是3a^2=1$$

解得

$$a=\frac{1}{3}\sqrt{3}，c=\frac{2}{3}\sqrt{3}$$

可见，表某一几何量的数是不是有理数，并不是绝对的。同一几何量，因所用单位的不同，可能是有理数，也可能

是无理数。虽然如此，但任何两个几何量的比，不论所用的单位怎样，总是一定的。看下面的列表就可以明白。

不同的单位	a的测度	c的测度	b的测度	$\frac{c}{a}$	$\frac{b}{a}$	$\frac{b}{c}$
用A长做单位	1	2	$\sqrt{3}$	2	$\sqrt{3}$	$\frac{1}{2}\sqrt{3}$
用C长做单位	$\frac{1}{3}$	1	$\frac{1}{2}\sqrt{3}$	2	$\sqrt{3}$	$\frac{1}{2}\sqrt{3}$
用B长做单位	$\frac{1}{2}\sqrt{3}$	$\frac{2}{3}\sqrt{3}$	1	2	$\sqrt{3}$	$\frac{1}{2}\sqrt{3}$

把上述的各点总结一下，我们知道：

（1）表几何量的数就是测度，是跟着单位的不同而不同的。

（2）表几何量的数，有时是有理数，有时是无理数。

（3）两个几何量的比是有理数的，必有公约量，它们是可通约量。

（4）两个几何量的比是无理数，没有公约量，它们是不可通约量。

不可通约量的几何解释

为了把不可通约量认识得更清楚，我们再作进一步的研究。

先研究两个几何量在图形方面有怎样的关系，才是可通约量。请看下面的几个例子：

像“怎样用数表几何量”所举的例子，在一锐角是另一锐角的二倍的直角三角形中，用短直角边a可以量尽斜边c——量两次，所以a是它们的公约量，a和c是可通约量。

比如下图，用左边的a线段去量右边的b线段，经m次（图中约m=2）后，

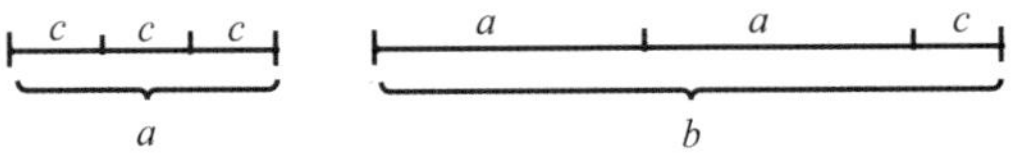

虽没有量尽，但用余量c来量左边的a线段，经n次（途中的n=3）恰尽。在这时，

$a=nc$　　　　　　（图中是$3c$）

$b=ma+c=mnc+c=(mn+1)c$　　　　　　（图中是$7c$）

可见a和b都是c的倍量，它们有公约量c，是可通约量。

又像下图，用左边的a线段去量右边的b线段，经m次（图中的$m=2$）得

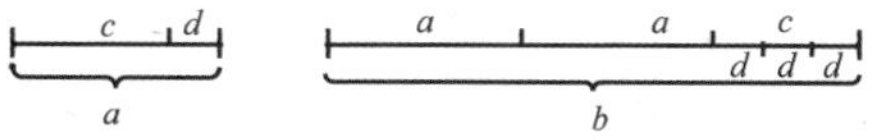

余量c，再用c量左边的a，经n次（图中的$n=1$）又得余量d，又用d量右边的余量c，经p次（圆中的$p=3$）恰尽，于是得

$a=nc+d=npd+d=(np+1)d$　　　　　　（图中是$4d$）

$b=ma+c=m(mp+1)d+pd=[m(np+1)+p]d$　（图中是$11d$）

可见a和b都是d的倍量，有公约量d，也是可通约量。

把这三个例子继续推理，知道用左边的（较小的）几何量来量右边的（较大的）几何量，再用所得的余量转量左边的量，又把余量转量右边的余量，这样辗转相量，直到量尽为止。这最后的一个余量（能量尽前一个余量的）就是两个几何量的公约量。

这种利用辗转相量以求公约量的方法，实际和算术里用辗转相除以求最大公约数的方法完全相同。

把上述的归纳一下，得如下定理：

“若把两个几何量辗转相量，结果能量尽的，那么这两个几何量是可通约量。”

从这定理，又可推得如下的逆否定理：

“若两个几何量是不可通约量，那么把它们辗转相量，结果是永远量不尽的。”

诸位学过了几何定理的四种变形，一定知道逆否定理是和原定理同真同假，我们在这里再用事实来说明一下：

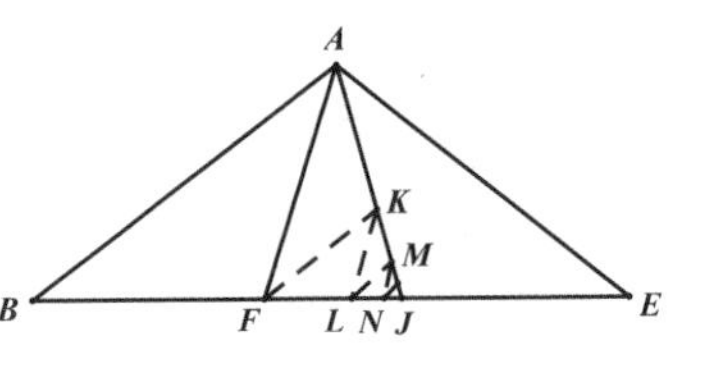

在本篇开首，讲到正五角星的邻顶距AB如果等于2，那么对顶距BE就等于$1+\sqrt{5}$。因为这两个数的比是无理数，所以这两条线段是不可通约量。我们用辗转相量的方法来试验一下，知道

(1) 用AB ($=BJ$) 来量BE，　　量一次后得余量JE；

(2) 用JE ($=BF$) 来量AB ($=BJ$)，量一次后得余量FJ；

(3) 用FJ ($=AK$) 来量JE ($=AJ$)，量一次后得余量KJ；

(4) 用KJ ($=FL$) 来量FJ，　　量一次后得余量LJ。

用辗转相量的各个条件来考察一下，知道(2)是用AJ量BJ，就是用顶角36°的等腰三角形的“底”来量“腰”；(3)是用FJ量AJ，也是同样的，以下都是一样的，照这样一步一步地量下去，永远是同样的，永远会有一线段剩下，永

远量不尽。

这就证实了正五角星的邻顶距和对顶距是不可通约量，把它们辗转相量，永远不会量尽。

计算所用定理的基础

在前面举的求正五角星顶角的度数的问题中，曾经用到一条定理“圆周角的度数是所对弧的度数的一半”。同学们学过了这一条定理，一定知道是从“圆心角的度数和所对弧的度数相等”推理出来的，而圆心角定理又是从下列的比例定理推得的：

比例定理一　在同圆或等圆中，两圆心角的比等于它们所对的弧的比。

这一条定理，在两弧是可通约量时，是极容易证明的。请看下面的记述：

设：在两个等圆O和O'中，两个圆心角AOB和$A'O'B'$各对一弧AB和$A'B'$。

求证：$\angle AOB:\angle A'O'B'=\overset{\frown}{AB}:\overset{\frown}{A'B'}$。

证：假定$\overset{\frown}{AB}$和$\overset{\frown}{A'B'}$是可通约量，它们有一公约量a，$\overset{\frown}{AB}$含m个a，$\overset{\frown}{A'B'}$含n个a（图中的$m=5$，$n=4$），那么

$\overset{\frown}{AB} : \overset{\frown}{A'B'} = m : n$ ……………………………………(1)

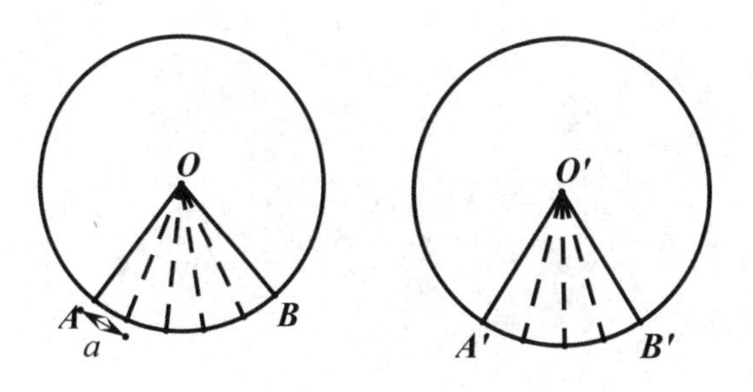

把$\overset{\frown}{AB}$分成m等分，$\overset{\frown}{A'B'}$分成n等分，过各分点作半径。因两弧上的各等分都等于a，所以从定理“等弧对等圆心角”，知道$\angle AOB$被分成m等分，$\angle A'O'B'$被分成n等分，一共分得$m+n$个等角。于是得

$\angle AOB : \angle A'O'B' = m : n$ ……………………………(2)

比较(1)和(2)，就得

$\angle AOB : \angle A'O'B' = \overset{\frown}{AB} : \overset{\frown}{A'B'}$。

假使两弧是不可通约量，这定理能不能成立呢？我们再做如下的研究：

设$\overset{\frown}{AB}$和$\overset{\frown}{A'B'}$是不可通约量，那么$\overset{\frown}{AB} : \overset{\frown}{A'B'}$是一个无理数。

假定这个无理数是$\sqrt{2}=1.41421$……我们先取一位小数的近似值，就是令

$\overset{\frown}{AB} : \overset{\frown}{A'B'} = 1.4 = \frac{14}{10} = 14 : 10$，

那么，可以仿照前述可通约量的情况，证明

$\angle AOB : \angle A'O'B' = 14 : 10$,

（就是设前证的$m=14$，$n=10$）

所以 $\angle AOB : \angle A'O'B' = \overset{\frown}{AB} : \overset{\frown}{A'B'}$

再取二位小数的近似值，令

$\overset{\frown}{AB} : \overset{\frown}{A'B'} = 1.41 = \frac{141}{100} = 141 : 100$,

同理可得 $\angle AOB : \angle A'O'B' = 141 : 100$。

取三位小数的近似值，令

$\overset{\frown}{AB} : \overset{\frown}{A'B'} = 1.414 = \frac{1414}{1000} = 1414 : 1000$,

又得 $\angle AOB : \angle A'O'B' = 1414 : 1000$。

依次往下都可得 $\angle AOB : \angle A'O'B' = \overset{\frown}{AB} : \overset{\frown}{A'B'}$。

因而知道取$\sqrt{2}$的小数值到无穷位数时，仍得

$\angle AOB : \angle A'O'B' = \overset{\frown}{AB} : \overset{\frown}{A'B'}$。

这个证明是假定了一个具体数值——$\sqrt{2}$，然而很明显，换了其他的任何无理数，都可以用同法证明，这一个证明也是普遍的。

但是，按严格的理论来说，这种利用特殊数值的证法，毕竟还不是十分完善，因此应该寻求更普通的证明方法。

要得到一个更普遍的证明，必须先明了“极限”的意义。怎样叫作极限呢？这里用一个简单的事例来加以说明。

假定北京和天津相距256里*，有人从北京走到天津，第

*1里等于500米。

一天走全路段的一半，计128里；第二天走余下的一半，计64里；第三天再走余下的一半，计32里。照这样继续前进，每天都走余下路程的一半，从第四天起，每天所走的路程依次是16里，8里，4里，2里，1里，$\frac{1}{2}$里，$\frac{1}{4}$里，$\frac{1}{8}$里，$\frac{1}{16}$里，$\frac{1}{32}$里……这样，他离天津虽然一天比一天近，但是永远到不了天津；因为他同天津的距离即使短到千千万万分之一里，都不能算作没有距离——当然这里假定天津是一个点，这个人也是一个点。

北京到天津的距离256里是不变的，可以称作常量。这个人同北京的距离在随着时间逐渐增加，同天津的距离在随着时间逐渐减少，这都可以称作变量。他同北京的距离，虽在一天天地增加，逐渐接近到256里，但总不会达到256里。换句话说，这个距离同256里的差，虽可小到任何程度，但不能等于0。这256里叫作这变量的极限。再说他同天津的距离，虽在一天天地减少，逐渐接近到0，和0的差可以小到非常小，但不能等于0，所以这0也可以称作是这变量的极限。

总而言之，一个变量x渐近于常量a，而a和x的差可以小到任何程度，但不等于0，那么这一个常量a叫作变量x的极限。

明白了极限的意义，还要知道一些极限的定理。极限的定理很多，要到高等数学里才能一一举出，并加以证明。这里只能举出和几何度量有关的两条，用实例来说明一下：

中国的古书《庄子》里面曾经说："一尺之棰，日取其半，万世不竭。"意思是有一尺长的棒，第一天取掉$\frac{1}{2}$尺，第二天取掉$\frac{1}{4}$尺（即第一天剩下的$\frac{1}{2}$尺的一半），第三天取掉$\frac{1}{8}$尺（第二天剩下的$\frac{1}{4}$尺的一半），……，这样一天一天地取下去，总有一段剩下来，永远取不完。这一种说法，就包含着极限的理念，同前面举的实例一样。

从这一个例子知道，这样一天天取下去，取掉的棒渐近于1尺，但不能等于1尺，这1尺就是这变量的极限。

现在重新假定第一天只取$\frac{1}{4}$尺，第二天只取$\frac{1}{8}$尺，第三天只取$\frac{1}{16}$尺，每天取的尺数都照庄子的话减半。这样一天天取下去，很明显的，取掉的棒一定渐近于$\frac{1}{2}$尺，这$\frac{1}{2}$尺是把原来的变量减半后的极限，恰等于原来的极限的一半。

这样，把变量减半，它的极限也减半，推广一下，把变量减成$\frac{1}{n}$，它的极限一定也减成$\frac{1}{n}$。

从这个实例，我们得到

极限定理一　假定变量x渐近于它的极限a，那么$\frac{x}{n}$也渐近于它的极限$\frac{a}{n}$。

再把庄子的话更改一下，假定今天的上半天，在那1尺长的棒上取掉一半，下半天的上半段时间里又取掉余下的一半，还剩的$\frac{1}{4}$天的上半段时间里又取掉余下的一半，……，照这样取法，1天可以取无穷的次数，我们从第一次的$\frac{1}{2}$天取$\frac{1}{2}$尺，第二次的$\frac{1}{4}$天取$\frac{1}{4}$尺，第三次的$\frac{1}{8}$天取$\frac{1}{8}$尺，……这样可知：

取过一次后，已过$\frac{1}{2}$天，共取$\frac{1}{2}$尺；

取过二次后，已过$\frac{1}{2}+\frac{1}{4}$天，共取$\frac{1}{2}+\frac{1}{4}$尺；

取过三次后，已过$\frac{1}{2}+\frac{1}{4}+\frac{1}{8}$天，共取$\frac{1}{2}+\frac{1}{4}+\frac{1}{8}$尺；

……

已过的天数（第一变量）和共取的尺数（第二变量）常相等。而且

已过的天数在继续增加，渐近于它的极限1天；

共取的尺数也在继续增加，渐近于它的极限1尺，

这两个极限——1天和1尺的数值也相等。

从此可得

极限定理二　假定两个变量常相等，而且各渐近于它们的极限，那么这两个极限也相等。

有了这样的两条极限定理，就可以得到“比例定理一”在不可通约的情况下的更普遍的证明。

证：假定$\overset{\frown}{AB}$和$\overset{\frown}{A'B'}$是不可通约量，分$\overset{\frown}{A'B'}$成任意等分，取它的一个等分来量$\overset{\frown}{AB}$，那么一定量不尽，要剩下一段比这

一等分小的$\overset{\frown}{CB}$。

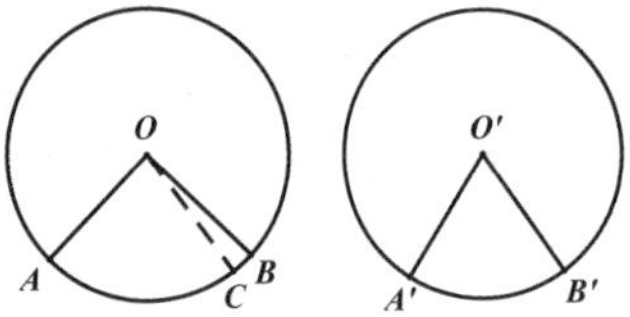

连OC，因$\overset{\frown}{AC}$和$\overset{\frown}{A'B'}$是可通约量，所以根据前面论证的可通约的情况，得

$$\frac{\angle AOC}{\angle A'O'B'}=\frac{\overset{\frown}{AC}}{\overset{\frown}{A'B'}}\cdots\cdots\cdots\cdots\cdots\cdots\cdots\cdots\text{(i)}。$$

假使把$\overset{\frown}{A'B'}$分成更多的等分，那么每一等分的弧减小，拿一个等分来量$\overset{\frown}{AB}$所得的余量$\overset{\frown}{CB}$也减少。照这样，把$\overset{\frown}{A'B'}$分成的等分数不断地增加，每一等分就不断地减少，因而$\overset{\frown}{CB}$可减小到任意程度。于是

$\overset{\frown}{AC}$渐近于它的极限$\overset{\frown}{AB}$，

$\angle AOC$渐近于它的极限$\angle AOB$。

根据极限定理一，知道

$$\frac{\overset{\frown}{AC}}{\overset{\frown}{A'B'}}\text{渐近于它的极限}\frac{\overset{\frown}{AB}}{\overset{\frown}{A'B'}}\cdots\cdots\cdots\cdots\text{(ii)},$$

$$\frac{\angle AOC}{\angle A'O'B'}\text{渐近于它的极限}\frac{\angle AOB}{\angle A'O'B'}\cdots\cdots\text{(iii)}。$$

从(i)，知道(iii)和(ii)中的两个变量$\frac{\angle AOC}{\angle A'O'B'}$和$\frac{\overset{\frown}{AC}}{\overset{\frown}{A'B'}}$常相等，所以根据极限定理二，它们的两个极限也相等，就是

$$\frac{\angle AOB}{\angle A'O'B'}=\frac{\overset{\frown}{AB}}{\overset{\frown}{A'B'}}$$

这样证明以后，才能确定比例定理一必同时适合于可通约和不可通约两种情况。

同学们都知道，把全圆周分成360个等分，每一等分的小弧叫作单位弧，就是1°。这单位弧所对的圆心角叫作单

位角，也是1°。现在假定$\overset{\frown}{A'B'}=1°$，那么$\angle A'O'B'=1°$。再假定$\overset{\frown}{AB}=m°$，根据上述的定理，得

$$\angle AOB : 1° = m° : 1°。$$

解得 $\angle AOB=m°$。

既然$m°$的弧对$m°$的圆心角，我们就可以说，“圆心角和所对的弧在数量上相等”或“圆心角拿所对的弧来度它”。从此可以推广到一切“拿弧来度角”的定理，供给我们解关于求角或弧的各种计算题。这许多拿弧来度角的定理，同学们在教科书里大概都学过了，到后面我们还要把它们列举出来，并举相应的例题。

注意　所谓拿弧来度角，不过表示两者在数量上相等；就圆形来说，一个是弧，一个是角，并不相等。

又所谓单位弧，和单位长或单位角有很大的区别，我们只能用它来量同圆或等圆的弧，不能量不等圆的弧（两个不等圆的弧，即使是同一度数，但无法使其重合，实际的长度也不相等，是很明显的），所以在不等两圆中的两弧，度数虽然相等，但不能说两弧相等。要表示弧和角在数量上相等，而圆形不等的关系，可用$\underline{\underline{m}}$的记号，弧和弧之间也是一样。

一切关于比例线段的定理（像相似三角形的对应边成比例等），在计算上都极重要，它们完全是从下面的一条基本定理推广出来的：

比例定理二　　平行于三角形一边的直线，分其他二边成比例线段。

一切关于求面积的定理，是解计算题的重要根据，它们是从下面的基本定理推广而得的：

比例定理三　　假使两个矩形的底相等，那么它们的面积的比等于高的比。

这两条定理也同时适合于可通约和不可通约两种情况，它们的证明和比例定理一类似。同学们能够把前一条定理的证明搞清楚了，那么在教科书里所举这两条定理的证明，一看就会明白，这里不再详细叙述。

各种平面几何计算题的内容，不外乎求角、弧、线段和面积这几类，而计算这些图形所根据的定理，完全是从上面举的三条比例定理推广而得，因此，这三条定理是解几何计算题的基础。我们能够把这三条基本定理搞清楚，那么教科书里所讲的一切解计算题所用的定理，都很容易了解，这里也不必细讲了。

我们学习几何计算题，目的是要把理论和实际联系起来，所以对这三条基本定理，在理论上应有彻底的认识，这样才不至于和实际脱节。

解计算题的步骤

我们从前面的内容，获得了关于几何计算的许多基本知识以后，接着就可以来看一个更具体的实例，借以明白几何计算的实际应用以及解计算题应有的步骤。

〔例一〕 一船在海面上某点测望一海岛，见岛顶的仰角[*]是45°，远离56丈[**]后，再测仰角得30°，求岛顶离海面的高。

设：AB是海岛的顶A离海面DB的高，C和D是海面上的两点，CD=56丈，$\angle ACB=45°$，$\angle ADB=30°$。

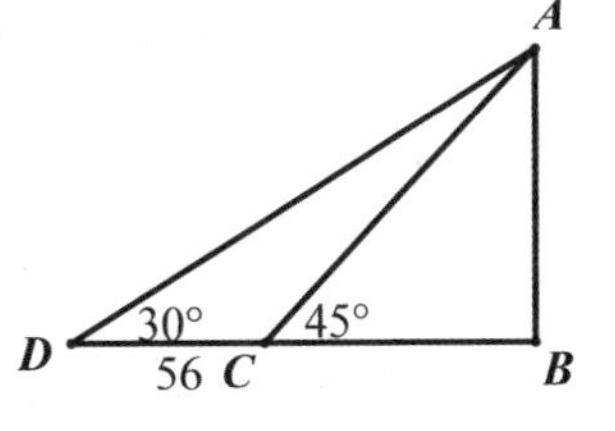

求：海岛的高AB。

解 设$AB=x$，因$\angle B=90°$，所以

*测望某一点的视线，和通过人眼的水平线（两线要同在与地平面垂直的一个平面内）的夹角，若视线在水平线上时，叫作这一点的仰角；若视线在水平线下时，叫作这一点的俯角。

**1丈等于3.33米，

$\angle CAB=\angle ACB=45°$，$CB=AB=x$。

又因$\angle ADB=30°$，所以$\angle DAB=60°$，从直角三角形的定理，知

$AD=2AB=2x$。

于是从勾股定理，得方程式　　$x^2+(x+56)^2=(2x)^2$

化简得　　$x^2-56x-1568=0$

取正值解　$x=\frac{56+\sqrt{56^2+4\times1568}}{2}=28(1+\sqrt{3})\approx76.5$

就是岛高AB等于76.5丈。

验算　拿求得的数代入原方程式，得

左边=76.52+(76.5+56)2=23408.5，

右边=(2×76.5)2=23409。

因岛高76.5丈是一个近似值，和真值略有一些误差，所以验得方程式的两边的数虽有不同，但相差很少，这个答案可以认作是正确的。

如果要做精确的验算，要比较费力一点，可参阅下式：

左边$=[28(1+\sqrt{3})]^2+[28(1+\sqrt{3})+56]^2$

$=282(4+2\sqrt{3})+282(12+6\sqrt{3})$

$=282(16+8\sqrt{3})=282\cdot8(2+\sqrt{3})$

右边$=[2\cdot28(1+\sqrt{3})]2=282\cdot4(4+2\sqrt{3})$

$=282\cdot8(2+\sqrt{3})$

从这个例子知道海岛的高虽不能直接度量，但可利用

几何定理，用间接的度量方法，把它计算出来。可见几何计算在现实生活上是极有用途的。

同时，由这个例子可知，一个计算题可以分成两个部分，一部分是已知的图形种类和某些几何量的测度，另一部分是欲求的几何量。我们根据已知的部分和适当的定理，设法解出所求的部分。最后为了要考查答案是否正确，还要加以验算。因此知道解一个几何计算题，应有下列四个步骤：

（1）设或已知　依题意画成图形，写出已知图形中各部分所表的实际事物，及已知的测度。

（2）所求　指明所求的部分。

（3）解答　叙述解法和答案，并说明根据哪些定理。

（4）验算　把求得的数代入原式，或利用已知定理，检验它是否正确。这一步手续可在草稿上进行，不必正式写出，时间不允许的话，也可以省去。

解计算题的注意事项

解计算题的时候，如果能掌握正确的方法，往往可以事半功倍，否则就很容易走弯路，甚至犯下错误。要掌握正确的方法，除了必须熟悉几何定理以外，还要注意下列几点：

（1）画图要准确　我们依照题中的已知数，画成准确的图形，就容易发现各部分间的关系，因而能够确定要用什么定理。不但如此，还可以从图上量一量各未知量的大小，和所得的答案比较，约略推知答案是否正确。这样一来，验算的步骤就可以省去了。

譬如在“解计算题的步骤”一节的〔例一〕中，我们先用尺画一直线DB，在这线上量DC，使它等于5分6厘（即把实长缩成10000分之一），再利用量角器，作出30°的$\angle ADB$、45°的$\angle ACB$，又从A作$AB\perp DB$。画了这样一个准确的圆，很容易发现$\triangle ABC$是一个等腰直角三角形，$\triangle ABD$是一个锐角二倍于另一个锐角的直角三角形，因而可从这两种三角形的性质和勾股定理，获得正确的解法。等到求得答案后，量一量AB的长，约为7分6厘多一些，就可以约略推知答案76.5丈没有错误。

（2）选择适当的定理　有些简单的计算题，像已知矩形的长和宽而求面积类，只须直接应用单纯的定理就可解得。还有些问题，没有单纯的定理可以应用，必须细察图中的各部分，如果是有直角三角形的，可试用勾股定理；有相似三角形的，可试用比例线段定理；有三角形的中线的，可试用中线定理；……

（3）采用适当的算法　解计算题所用的算法，有时是算术解法，有时是代数解法，要看问题的性质而定。有些简单的问题，如已知三角形的底和高求面积，可根据公式：

$$三角形面积=\frac{1}{2}\times底\times高,$$

从已知的底和高，用算术解法直接求面积。但若已知三角形的面积和底求高，则宜用X表示所求的高，连同已知数代入公式，得一方程式，用代数解法求它的答案。有时为便利起见，把上面举的公式化成直接求高的公式，即

$$三角形的高=\frac{2\times面积}{底}$$

仍用算术解法也可以。至于比较复杂的问题，有的须连用几个公式，有的须同时用X，Y，……表示几个未知数，

列成联立方程式，这些都要根据情形适当采用，才能使问题获得解决。

(4) 答案是无理数时要用适宜的形式表示　假定正方形的边长是1，那么对角线的长是$\sqrt{2}$；再假定圆的半径是1，那么圆周的长是2π。其中$\sqrt{2}$和π都是无理数，但前者是用根数表示，后者是用字母表示。若把这两个数写成小数，可得1.4142和3.1416，但须注意这不是精确的值，只能称作近似值。由此可见，一个无理数可用根数或字母表示它的精确值，又可用小数表示它的近似值。我们遇到计算题的答案是无理数时，为了在计算上省掉一些手续，且要表出真值，一般都用根数或含字母π的代数式表示。但遇测量等的实际问题，为切合实用计，常化成近似值的小数。

(5) 答案用根数或字母表示时要化简　我们在学习代数解二次方程式时，遇到答案是根数的，常须加以化简，含字母的代数式也是一样。化简的目的，一方面是使答案的形式简单，一方面是为了在实用时算出近似值。

譬如在一锐角二倍于另一锐角的直角三角形中，假定长的直角边是1，根据勾股定理可算得短的直角边是$\frac{1}{\sqrt{3}}$。这个答案的分母中含有根数，在实用时要算出它的近似值，必须用$\sqrt{3}$的近似值1.732去除以1，计算很不便。但若化作$\frac{1}{3}\sqrt{3}$，这时以3除以1.732，立刻可得0.577，很便利。

又如在前面举的正五角星的计算题中，对顶距的答案$\frac{2+\sqrt{20}}{2}$应化为$1+\sqrt{5}$，在求它的近以值时，可以格外便利。

（6）答案用小数表示时要注意精确度 几何计算都是从已知条件求未知条件，这些已知条件的值，都是直接度量而来，并不是绝对精确。直接度量不易精确的原因，一是量的器械不能十分精巧，二是量的人也量不到十分仔细，所以量得的结果不过是个近似值。假使我们用一可量百分之一寸的尺，仔细地量得某两点间的距离是4.62寸，这并不是说这两点间的真距离恰巧就是4.62寸，不过是说真距离一定比4.61寸长，比4.63寸短，大概是在4.615寸和4.625寸之间。我们用4.62寸作为量得的结果，是因为这个数比较起来最可靠，这时我们就说这个结果是对到小数二位的。如果用更精细的尺，量得的结果也许可以对到小数三位或四位。因此我们说“对到小数几位”，这句话是精确度的表示。从此知道一个近似值虽说对到小数二位，实际这第二位的小数还是不可靠的。

在几何计算题的答案中，如有根数或圆周率π，而要用小数的近似值来计算时，也应该注意到它的精确程度。譬如$\sqrt{5}=2.24$对到小数二位，但第二位小数4不可靠——实际是2.236……，第三位小数四舍五入；又π=3.1416对到小数四位，但第四位小数6不可靠——实际是3.14159……，第五位小数四舍五入。

因为计算的数是近似值，精确的程度有一定限度，所以计算所得结果的精确程度随之也有所限制。如量得圆的直径是4.62寸，求圆周的长。假使我们老老实实的把4.62和3.1416相乘，得14.514192，就说圆周的长是14.514192寸，而且自以为有六位小数，非常精确，那就大错了。不信请看下式：

$$
\begin{array}{r}
3.141\bar{6} \\
\times\ \ 4.6\bar{2} \\
\hline
\bar{6}\bar{2}\bar{8}\bar{3}\bar{2} \\
18849\bar{6}\ \ \\
12566\bar{4}\ \ \ \ \\
\hline
14.5\bar{1}\bar{4}\bar{1}\bar{9}\bar{2}
\end{array}
$$

圆周率3.1416和直接度量所得的4.62，它们的末位数字6和2都不很可靠，所以在它们上面各画一横线表示。用这样的两个数字乘得的积也不可靠，都给画上横线。乘得的各部分积相加，遇有横线的那行的和当然也不可靠，所以都画上横线。从此式可见所得的积只有第一位小数可靠，可以说和4.62一样，也只对到小数二位，所以我们只能把第三位小数四舍五入，用14.51寸作为本题的答案。

像上例，已知直径的数值对到小数二位，算得的圆周的数值也只有对到小数二位。虽然在别的例子中，有时已知数对到小数二位，所得的结果可以对到小数三位或四位，但比较少见。因此通常我们看题中的已知数有几位小数，求得的答案也只取同样的几位小数；遇必要时只须多取一位或两位也就够了。

(7) 计算的过程不宜省略　有些同学在解计算题的过程中，往往喜欢任意省略，使所得的结果和实际的答案有很大的误差，因为在计算的过程中虽然略去很少的数，但接着用一个较大的数乘了以后，就会有很大的误差，要特别注意。通常遇到计算中有根数或π的，在中途绝不要化作近似值；有不尽分数的——就是化成的小数要循环的，也不要化作小数的近似值，一定要做到最后再化成小数，这样才不会发生错误。

譬如在计算开始或中途，要用$\frac{1}{3}$去乘25，若把$\frac{1}{3}$省略作0.3，乘得7.5，最后的计算用600乘，得4500，这是错误的。要做准确的计算，第一次乘得的数应写成分数$\frac{25}{3}$，再继续乘，得$\frac{25}{3}\times600=25\times200=5000$，这才对了。

(8) 要注意单位　几何计算题中的数，都是从度量而得，除了二量的比值（像π等）以外，都是有单位的。我们在计算时，第一要注意把同类的各已知数化成同单位，第二要注意答案的单位。譬如一条已知线的长度单位用尺，其余各线的单位都要用尺，未知的线求到以后，单位也用尺；未知的面积求到后单位是平方尺。一个计算题的答案，如果数字完全准确，而单位用错，严格地讲，要算是全部错误的，同学们应该特别注意。另外有些计算题的已知数不写明单位，这并不是没有单位，而是不指定它的单位，我们求到答案后，当然也是同样不指定单位。

(9) 尽量使计算简捷　计算多位数的乘、除或开方往往很费力，但有时可运用特殊的技巧，使算法归于简捷。所谓技巧，并不是呆板的方法，需要学会随机应变，自己去研究。如果用得恰当，不但可以节省许多时间，还可减少错误。这些计算技巧，除去普通的心算和速算外，主要是约分和因数分解等类。

譬如连续乘除的计算，可以略去乘数和除数中的公因数，使乘除的计算简便。又如在前面求岛高的题中，用普通的方法来计算 $\sqrt{56^2+4\times1568}$ 很麻烦，最好利用因数分解，得 $\sqrt{(2^3\cdot7)+2^2(2^5\cdot7^2)}=\sqrt{2^2\cdot7^3+2^2\cdot7^2}=\sqrt{2^3\cdot7^2(1+2)}=23\cdot7\sqrt{3}=56\sqrt{3}$。在这个例子里，如果能注意到1568这一数的产生是从 $56^2\div2$ 而得，那么前式可化成 $\sqrt{56^2+4\cdot\frac{56^2}{2}}=\sqrt{56^2+2\cdot58^2}=\sqrt{3\cdot56^2}=56\sqrt{3}$，更觉简便。

关于解计算题应注意的事项，除上述各点外，还有很多，我们在以后所举的例题中随时提出，读者如能多加注意，自然可以免除错误，达到解题正确和迅速的目的。

二　角度和弧度的计算

三角形和四边形的角

关于角度的计算，最基本的是求三角形和四边形的角。下列的几个公式，是解题时常用的：

（1）在$\triangle ABC$中，$\angle A+\angle B+\angle C=180°=2rt$*。

（2）若$\angle 1$、$\angle 2$、$\angle 3$是$\triangle$的三个外角，则

$$\angle 1+\angle 2+\angle 3=360°=4rt。$$

（3）若$\triangle ABC$的$\angle C$是$90°$，则

$$\angle A+\angle B=90°=1rt。$$

（4）等腰$\triangle ABC$的顶角A是$n°$，则底角

$$\angle B=\angle C=\frac{1}{2}(180°-n°)。$$

（5）等腰$\triangle ABC$的底角$\angle B=\angle C=m°$，则顶角

$$\angle A=180°-2m°。$$

（6）$\triangle ABC$的$AB=BC=CA$，则

$$\angle A=\angle B=\angle C=60°=\frac{2}{3}rt。$$

---

*角的数量有时用直角做单位，此单位可简写做rt。

(7) $\triangle ABC$的$\angle C=90°$, $AB=2BC$, 则

$$\angle A=30°=\frac{1}{3}rt,\ \angle B=60°=\frac{2}{3}rt。$$

(8) 在四边形$ABCD$中,

$$\angle A+\angle B+\angle C+\angle D=360°=4rt。$$

其他像三角形的外角定理、平行线间的等角或补角定理、平行四边形或等腰梯形中的等角定理、圆的内接四边形中的补角定理等, 在解角度的计算题时也常常用到。

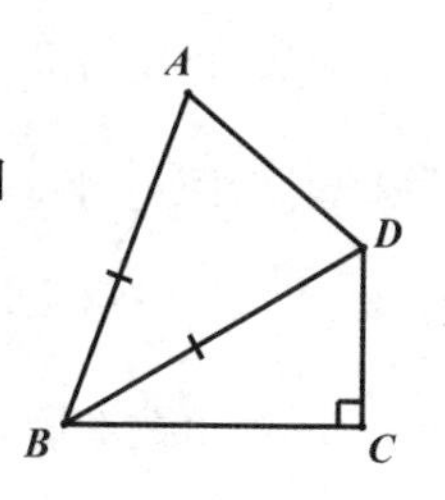

〔范例2〕设: 在四边形$ABCD$中, 已知$\angle B=70°$, $\angle C=90°$, $AB=DB=10$, $CD=5$。

求: $\angle A$。

思考　因$\angle A$是等腰三角形的底角, 所以要求$\angle A$, 必须先求角ABD, 又因$\angle ABC$已知是70°, 若能求得$\angle DBC$, 则$\angle ABD$就很容易计算了。$\angle DBC$是$Rt\triangle BCD$的一个锐角, 而这个$Rt\triangle$的斜边是短直角边的二倍, 所以$\angle DBC$一定是30°。

解　因$BD=10$, $CD=5$, 所以$BD=2CD$, 由直角三角形的定理, 得

$$\angle DBC=30°。$$

又因$\angle ABC=70°$, 所以　$\angle ABD=70°-30°=40°$。

又因$AB=BD$, 所以　　$\angle A=\frac{1}{2}(180°-40°)=70°$。

注意: 上面的"思考"是寻求解法的过程, 虽然是一步必

经的步骤，但不必正式写出。在思考中，对各步计算要根据确实可靠的定理来，在写解法时可斟酌情形，所根据的简易定理可不必一一注明。

〔范例3〕设：在△ABC中，$AB=BC$，CD平分$\angle C$，

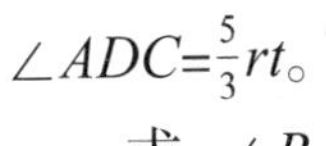
$\angle ADC=\frac{5}{3}rt$。

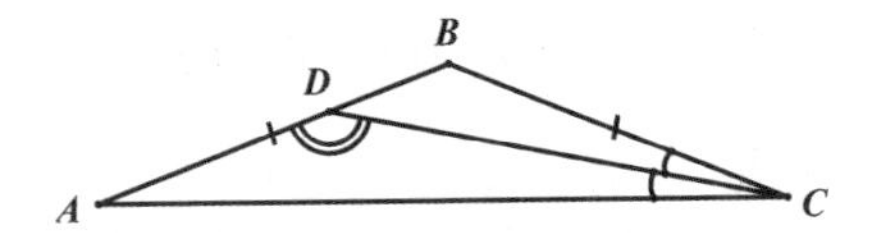

求：$\angle B$。

思考 所求的$\angle B$在△DBC内，已知的$\angle ADC$是△DBC的外角，所以$\angle ADC=\angle B+\angle BCD$。但$\angle B$又是等腰△$ABC$的顶角，$\angle BCD$是底角的一半，可用$\angle B$表示，所以可利用方程式求$\angle B$。又$\angle A$是底角，$\angle ACD$是底角的一半，$\angle ADC$同它们是△$ACD$的三内角，所以又可先求$\angle A$，从而算出$\angle B$。

解法一 设$\angle B=xrt$，则$\angle C=\frac{1}{2}(2-x)rt$，$\angle BCD=\frac{1}{4}(2-x)rt$，从三角形的外角定理可知$\angle B+\angle BCD=\angle ADC$，故得方程式

$$x+\frac{1}{4}(2-x)=\frac{5}{3}$$

解得$x=\frac{14}{9}$，即$\angle B$是$1\frac{5}{9}rt$。

解法二 设$\angle A=xrt$，则$\angle C=xrt$，$\angle ACD=-xrt$，因$\angle A+\angle ACD+\angle ADC=2rt$，故得方程式

$$x+\frac{1}{2}x+\frac{5}{3}=2$$

解得$x=\frac{2}{9}$，即$\angle A=\frac{2}{9}rt$。

$\therefore \angle B = (2 - 2\times\frac{2}{9})rt = 1\frac{5}{9}rt$。

〔范例4〕设：在$\triangle ABC$中，BC边上一点D和A连接，而$AC=BC$，$AB=AD=DC$。

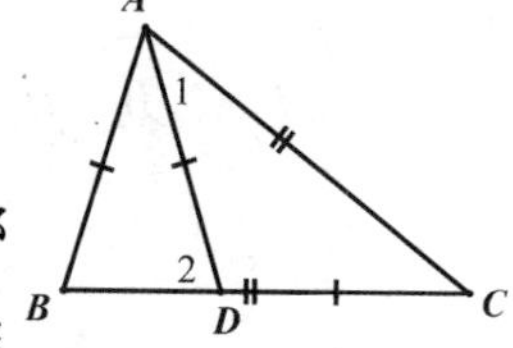

求：$\angle C$。

思考 因$\triangle ABC$、$\triangle ABD$、$\triangle ACD$都是等腰三角形，$\angle C=\angle 1$，所以由三角形的外角定理知，$\angle 2=\angle C+\angle 1=2\angle C$，又因$\angle A=\angle B=\angle 2$，所以$\angle A=\angle B=2\angle C$。$\angle A+\angle B+\angle C=180°$，于是$\angle C$的度数就不难求得了。

解 $\because AD=DC$，$\therefore \angle C=\angle 1$，$\angle 2=\angle C+\angle 1=2\angle C$。

又$\because CA=CB$，$AB=AD$，$\therefore \angle A=\angle B$，$\angle B=\angle 2$。

代入前式，得 $\angle A=2\angle C$，$\angle B=2\angle C$。

而 $\angle A+\angle B+\angle C=180°$。

代入，得 $2\angle C+2\angle C+\angle C=180°$。

$\therefore 5\angle C=180°$，$\angle C=36°$。

〔范例5〕设：在圆的内接四边形$ABCD$中$\angle A:\angle B:\angle C=1:2:3$。

求：$\angle A$、$\angle B$、$\angle C$、$\angle D$。

思考 因圆的内接四边形对角相补，故$\angle A+\angle C=\angle B+\angle D$。

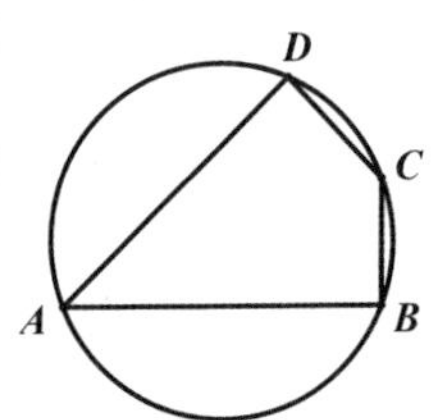

若$\angle A=x°$，则$\angle B$、$\angle C$、$\angle D$的度数都可用x表示。由“四边形四内角的和等于360°”的定理，可求得X的值。

解 设$\angle A=x$，则$\angle B=2x$，$\angle C=3x$。因$\angle A+\angle C=\angle B+\angle D$，以前式代入，得$x+3x=2x+\angle D$，故$\angle D=x+3x-2x=2x$。由四边形的内角定理，得方程式

$$x+2x+3x+2x=360。$$

解得$x=45$，即$\angle A=45°$。于是可得$\angle B=2\times 45°=90°$，$\angle C=3\times 45°=135°$，$\angle D=2\times 45°=90°$。

研究题一

(1) 在四边形$ABCD$中，$AB=5$，$CD=DA=AC=10$，$\angle B=90°$，求$\angle BAD$和$\angle BCD$。

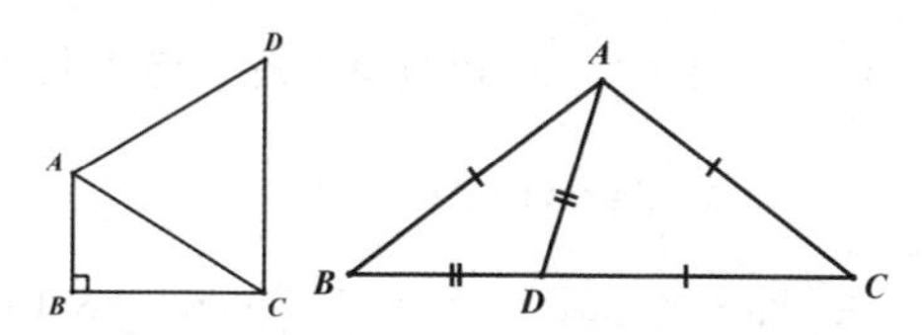

(2) D是$\triangle ABC$的BC边上的一点，且$AD=BD$，$AB=AC=CD$，求$\angle BAC$。

(3) 三角形的一角是$\frac{2}{3}rt$，求另外两个角的平分线所夹的锐角。

(4) $\triangle ABC$的两个高AD、CE相交于M，已知$\angle A=\frac{1}{3}rt$，$\angle C=\frac{5}{6}rt$，求$\angle AMC$。

(5) 等腰三角形一腰上的高与另一腰的夹角是$\frac{1}{5}rt$，求等腰三角形的各角，试就等腰三角形的顶角是锐角和钝角两种情形分别计算。

(6) 三角形两个角的比是5∶7，第三角比第一角大$\frac{4}{19}rt$，求第三角。

提示　设第三角是xrt，则第一角是$(x-\frac{4}{19})rt$，第二角是

$\frac{7}{5}\left(x-\frac{4}{19}\right)rt$。

(7) 在菱形$ABCD$中，作$AE\perp BC$，$AF\perp CD$，如果E、F各是BC、CD的中点，求菱形的各角。

(8) 在等腰梯形$ABCD$中，上底AD等于二腰，对角线BD垂直于腰CD，求等腰梯形的各角。

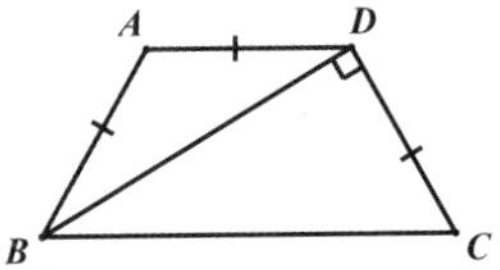

提示 注意等腰三角形、等腰梯形、平行线间的等角。

(9) 在矩形$ABCD$中，$AE\perp BD$，$\angle DAE:\angle BAE=3:1$，求$\angle EAC$。

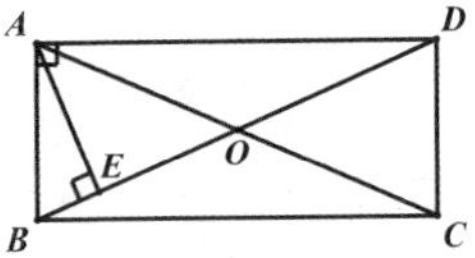

提示 用配分比例法，分90°成3∶1的两份，可得小角BAE的度数。再研究$\angle OAD$、$\angle ODA$、$\angle BAE$间的关系。

(10) 四边形顺次各角的比是(a) 2∶4∶5∶3，(b) 5∶7∶8∶9，这四边形能不能作一外接圆?

(11) 四边形$ABCD$的两对角线相交于O，且$\angle B=116°$，$\angle D=64°$，$\angle CAB=35°$，$\angle CAD=52°$，求$\angle AOB$。

提示 这四边形可作一外接圆，利用同弧所对圆周角相等。

多角形的角

从三角形的内角及外角定理，可推广而得任何多角形的内角及外角的定理。把这些定理译成公式，有如下的五种：

（1）N角形各内角的和$=(n-2)\cdot 180° =2(n-2)rt$。

（2）等角N角形的每一内角$=\frac{n-2}{n}\cdot 180° =\frac{2(n-2)}{n}rt$。

（3）任意多角形各外角的和$=360° =4rt$。

（4）等角N角形的每一外角$=\frac{360°}{n}=\frac{4}{n}rt$。

（5）N边正多角形各边所对的圆心角$=\frac{360°}{n}=\frac{4}{n}rt$。

利用这些公式，不但可求多角形的内角及外角，还可以还原而求多角形的边数。

〔范例6〕求正八角形的各内角及各外角的度数。

解 从公式得正八角形的各内角是

$\frac{8-2}{8}\cdot 180° =\frac{3}{4}\cdot 180° =135°$。

各外角是 $\frac{360°}{8}=45°$。

注意：遇到无须画圆的简单问题，假设和所求也可略去不写。

〔范例7〕正多角形的每一内角是144°，这个正多角形有几条边？

解 设所求的边数是x，从公式得方程式

$\frac{x-2}{x}\cdot 180° =144°$。

解得 $x=10$。

研究题二

(1) 求七角形、十角形、二十五角形各内角的和。

(2) 多角形各内角的和是$30rt$、$48rt$或$57rt$，求它的边数。

(3) 四边形前两个角的比是5∶7，第三角等于这两个角的差，第四角较第三角少$\frac{4}{11}rt$，求它的各角。

(4) 一个正多角形的每一外角等于正三角形的一内角，求它的边数。

(5) 一个多角形各内角的和是各外角和的3倍，求它的边数。

(6) 求正二十四角形、正十六角形各边所对的圆心角。

(7) 五角形五内角的连比是2∶3∶4∶5∶6，求它的各角。

(8) 求五角星的各顶角(A、B、C、D、E)的和。如果是正五角星，每一顶角是几度？

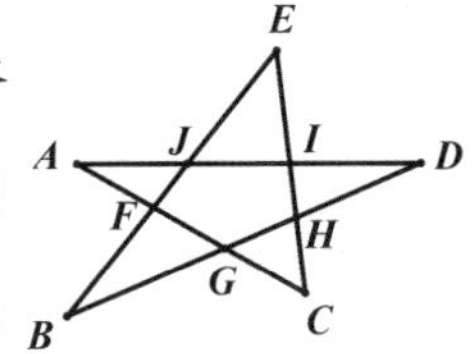

提示　除已在第4页“解法二”举过一法外，还有两种解法：一种是利用$\triangle AIC$、$\triangle BJD$等五个三角形的所有内角

及五角形$FGHIJ$的五个内角；另一种是利用$\triangle AJF$、$\triangle BFG$等五个三角形的所有内角及五角形$FGHIJ$的十个外角。

弧和相关的角

我们前面讲比例定理一的时候（“计算所用定理的基础”一节），曾经提到度量圆弧的单位是圆周的360分之一，叫作1°。因为$m°$的圆心角所对的弧是$m°$，所以可从圆心角的度数确定所对弧的度数。反过来，从弧的度数也可以确定所对圆心角的度数。在圆里的角，除圆心角外还有好多种，也都和弧有关，它们之间的关系都是从圆心角的定理推广而得，这些定理在教科书里都已讲到，现在把它们归纳一下，可得以下的七条：

（1）圆心角以所对的弧来度它。

（2）圆周角以所对的弧的一半来度它。

（3）弦切角以所夹的弧的一半来度它。

（4）两弦的交角以所夹弧及其对顶角所夹弧的和的一半来度它。

（5）两割线的交角以所夹两弧的差的一半来度它。

（6）两切线的交角以所夹两弧的差的一半来度它。

（7）一切线与一割线的交角以所夹两弧的差的一半来度它。

下面举几个例子，以示这些定理的应用。

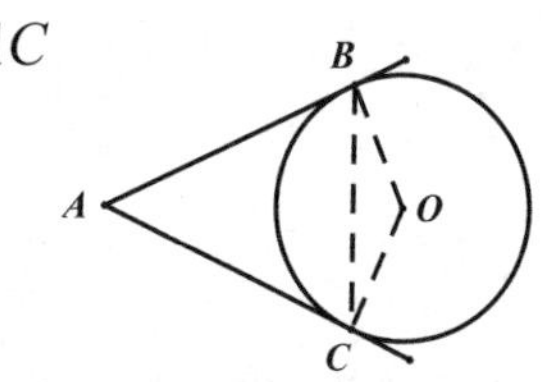

〔范例8〕设：圆的两切线AB、AC相交所成的$\angle A=50°$。

求：劣弧BC的度数。

思考一 劣弧BC夹于切角ABC间，它的度数是$\angle ABC$的二倍，又$\angle ABC$是等腰$\triangle ABC$的底角。这三角形的顶角是已知角，底角是很容易求到的。

解法一 因$AB=AC$，所以

$\angle ABC=\frac{1}{2}(180°-\angle A)=\frac{1}{2}(180°-50°)=65°$。

但 $\angle ABC\overset{m}{=}\frac{1}{2}$劣弧$BC$，

∴ 劣弧$BC\overset{m}{=}2\angle ABC=2\times65°=130°$。

思考二 劣弧BC与优弧BC的和是360°，差是$\angle A$的二倍，即100°，所以可用和差算法求劣弧BC的度数。

解法二 因$\angle A\overset{m}{=}\frac{1}{2}$（优弧$BC-$劣弧$BC$），

所以 优弧$BC-$劣弧$BC\overset{m}{=}2\angle A=2\times50°=100°$。

又因 优弧$BC+$劣弧$BC=360°$，

∴ 劣弧$BC=\frac{1}{2}(360°-100°)=130°$。

思考三 劣弧BC所对的圆心角是$\angle BOC$，要求劣弧BC的度数，只须求$\angle BOC$的度数即可。$\angle BOC$在四边形$ABOC$中，这四边形的三个角都是已知角，第四角就不难求得了。

解法三 连半径OB、OC，则$\angle ABO=\angle ACO=90°$，按

$\angle BOC=360°-90°-90°-50°=130°$。

$\therefore$ 劣弧$BC \overset{m}{=} \angle BOC=130°$。

〔范例9〕设：按连比3∶2∶13∶7把圆分成AB、BC、CD、DA四弧；连DA和CB，延长相交于M。

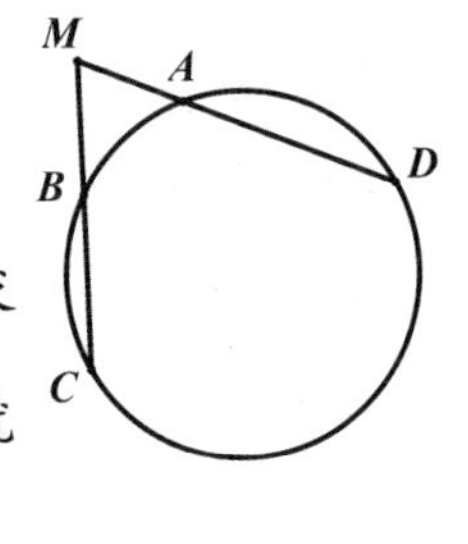

求：$\angle AMB$。

思考 要求$\angle AMB$的度数，只须先求$\overparen{CD}$和$\overparen{AB}$的度数，两数相减，再以2除就得。

解 用算术的纯分比例法，先把各比率相加，得

$3+2+13+7=25$。

故知 $\overparen{AB}$占全圆周的$\frac{3}{26}$，即$\overparen{AB}=360°\times\frac{3}{25}=43.2°$；

$\overparen{CD}$占全圆周的$\frac{13}{25}$，即$\overparen{CD}=360°\times\frac{13}{25}=187.2°$。

从两割线的交角定理，得

$\angle AMB \overset{m}{=} \frac{1}{2}(\overparen{CD}-\overparen{AB})=\frac{1}{2}(187.2°-43.2°)=72°$。

〔范例10〕设：AB是圆的直径，F、G是AB上的两点，$\angle 1=\angle 2$，$\angle 3=\angle 4$，$\overparen{AC}=60°$，$\overparen{BE}=20°$。

求：$\angle D$。

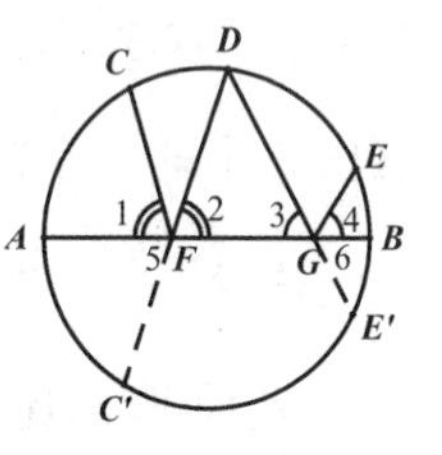

思考 $\angle D$不是圆心角、弦切角、两弦交角、两割线交角、两切线交角，又不是一切线与一割线交角，但若延长DF、DG，交圆于C'、E'，就成$\overset{\frown}{C'E'}$所对的圆周角，所以必须先求$\overset{\frown}{C'E'}$的度数。因$\overset{\frown}{AC'B}=180°$，故可设法先求$\overset{\frown}{AC'}$与$\overset{\frown}{BE'}$。又因$\angle 2=\angle 5$，故$\angle 1=\angle 5$，可推知$\overset{\frown}{AC'}=\overset{\frown}{AC}=60°$。同理，$\overset{\frown}{BE'}=\overset{\frown}{BE}=20°$。

解 延长DF、DG，各交圆于C、E'，因$\angle 1=\angle 2=\angle 5$，且$AB$为直径，故曲线形$FAC'$与$FAC$关于$AB$对称，$\overset{\frown}{AC'}=\overset{\frown}{AC}=60°$，$\overset{\frown}{BE'}=\overset{\frown}{BE}=20°$。故$\overset{\frown}{C'E'}=\overset{\frown}{AC'B}-\overset{\frown}{AC'}-\overset{\frown}{BE'}=180°-60°-20°=100°$，于是由圆周角的定理得

$$\angle D \overset{m}{=} \frac{1}{2}\overset{\frown}{C'E'}=\frac{1}{2}\times 100°=50°。$$

我们都知道，正多角形必有一外接圆，该圆被正多角形的各顶点等分。假定这一个正多角形的边数是n，那么全圆周被分成的n等分中，每一内角所对的是$(n-2)$等分。从本部分所举的弧度角的定理，可得

$$\text{每一内角}=\frac{1}{2}\left(\frac{n-2}{n}\cdot 360°\right)=\frac{n-2}{n}\cdot 180°。$$

同上节所举等角多角形求内角的公式完全一样。可见研究一个问题，最好能联系到各个方面，借此可以了解得更深入一些。

研究题三

（1）按连比2∶3∶4∶6分圆周成四弧，求顺次连各分点所成四边形的各角。

（2）等腰△ABC的顶角A是40°，以AC为直径作半圆，交BC、AB于D、E，求$\overset{\frown}{AE}$、$\overset{\frown}{ED}$、$\overset{\frown}{DC}$的度数。

（3）两个等圆相交，它们的交角（过一交点所引两圆的两切线的夹角）是60°，求两交点间小弧的度数。

提示 作公弦，必平分两切线的交角。

（4）从直径AB的一端A作割线ACD，交圆周于C，交过B的切线于D，$\angle ADB=20°30'$，求$\overset{\frown}{BC}$。试分别应用一切线与一割线的交角、弦切角、圆周角、中心角的定理，写出四种不同的解法，其中哪一种解法最简便？

（5）两弦AB与CD相交于M，$\angle AMC=40°$，$\overset{\frown}{AD}-\overset{\frown}{CB}=20°54'$，求$\overset{\frown}{AD}$。

（6）两弦AC与BD相交于M，$\overset{\frown}{AB}=m°$，N是$\overset{\frown}{CD}$上的一点，$\angle CMD=\angle CND$，求$\overset{\frown}{CD}$。

提示 设$\overset{\frown}{CD}=x°$，则$\angle CMD=\frac{1}{2}(x°+m°)$，$\angle CND=\frac{1}{2}(360°-x°)$。

（7）一圆的两弦ABC、ADE切另一圆于B、D，在小圆上的$\overset{\frown}{BMD}=130°$，求在大圆上的$\overset{\frown}{CNE}$。

（8）一圆中两条不相交的弦CAE、DBF，切另一圆于A、B，在小圆上的$\overset{\frown}{AMB}=154°$，大圆上的$\overset{\frown}{EPF}=70°$，求$\overset{\frown}{CND}$。

提示 延长EC、FD相交于一点。

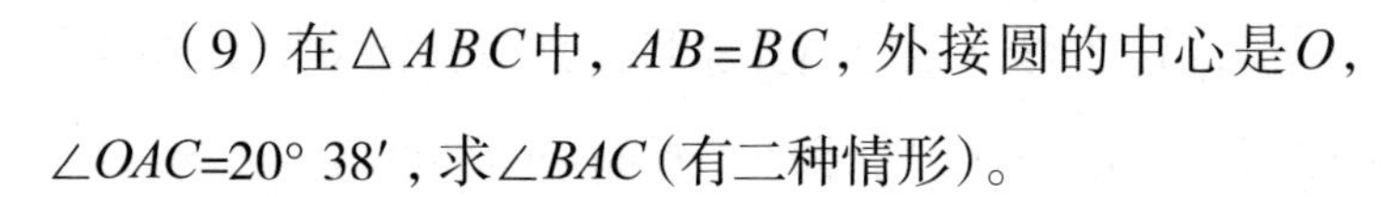

（9）在$\triangle ABC$中，$AB=BC$，外接圆的中心是O，$\angle OAC=20°\ 38'$，求$\angle BAC$（有二种情形）。

提示 先求$\overset{\frown}{AC}$。

（10）试利用外接圆的弧，求正五角星的各叉角的度数（参阅本书开头的图，$\angle AFB$等是叉角）。

（11）等腰梯形的下底角是50°，过该底角顶点的腰与对角线的夹角是40°，求外接圆的中心在梯形内还是在梯形外？

提示 计算上底与两腰所对三弧的和，看它比180°大还是小。

三　长度的计算

三角形和平行四边形的简单计算

我们从〔范例1〕就知道关于长度的计算在实际应用中经常用到，求线段长度的问题，多数要用特殊的公式。现在先以三角形和平行四边形举几个简单的例子。这些问题不需要特殊公式，只要根据一些普通定理，就可以解决。

解这些问题所要根据的定理，主要是三角形全等定理、三角形中两边中点的连线定理，以及等腰三角形、直角三角形、正三角形与各种平行四边形性质的定理。学者对这些定理如果都能熟记，要解决这些问题是没有多大困难的。

〔范例11〕设：矩形$ABCD$的两对角线相交于O，$AE\perp BD$，$OF\perp AD$，$BE:ED=1:3$，$OF=2m$*。

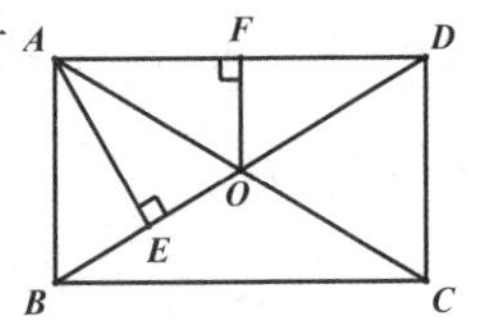

*m是长度的单位“米”的简写，以后又常用dm来表示“分米”，cm表示“厘米”，mm表示“毫米”，km表示“千米”。

求：AC的长。

思考　因$BO=OD$，$BE:ED=1:3$，故可推知$BE=EO$，$AO=AB$。因OF是$\triangle ABD$两边中点的连线，故$AO=AB=2OF=4$。

解　设$BE=x$，则$ED=3x$，$BD=x+3x=4x$。由矩形对角线的性质，知$BO=OD=4x\div 2=2x$，故$EO=2x-x=x$，$BE=EO$。在$\triangle OAB$中，已知高AE平分底边，故$AO=AB$，又OF和AB都是AD的垂线，必互相平行，且$BO=OD$，故OF是$\triangle ABD$两边中点的连线，$AB=2OF=4$。代入上式，可得$AO=4$，故$AC=2AO=8m$。

注意：一般为求简便，在计算中只须注意各数应化作相同的单位，该单位不必明白写出，但要在最后求得答案时注明。

〔范例12〕设：A、B两点在直线MN的两侧，C是线段AB的中点，AD、BE、CF都垂直于MN，$AD=10dm$，$BE=4dm$。

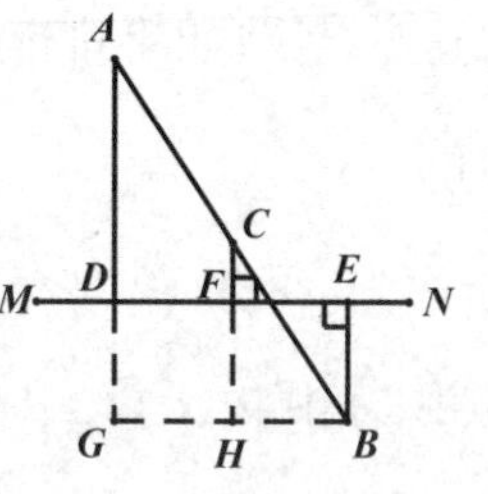

求：CF。

思考　过B作MN的平行线，交AD、CF的延长线于G、H，则$DG=FH=BE$，CH是$\triangle ABG$两边中点的连线，而该三角形

的第三条边AG为已知，故可求CH。

解　作$BG /\!/ MN$，交AD、CF的延长线于G、H，则$DG=FH=BE=4$，$AG=10+4=14$。因$AC=CB$，$CH /\!/ AG$，故$GH=HB$，$CH=\frac{1}{2}AG=\frac{1}{2}\times 14=7$，$CF=7-4=3dm$。

〔范例13〕设：矩形$ABCD$各角的平分线相交而成四边形$EHFG$，$AB=1cm$，$AD=3cm$。

求：EF。

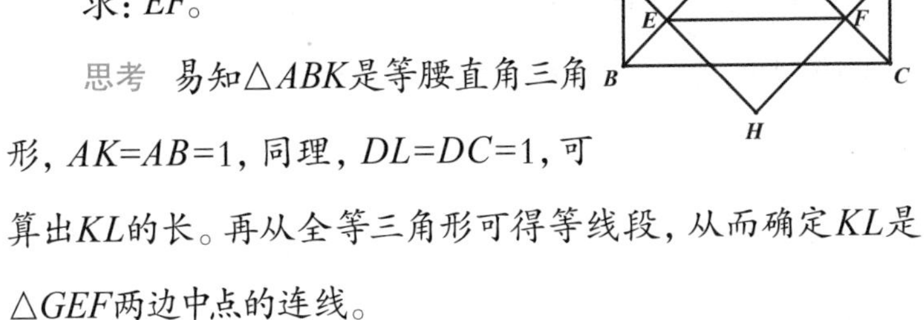

思考　易知$\triangle ABK$是等腰直角三角形，$AK=AB=1$，同理，$DL=DC=1$，可算出KL的长。再从全等三角形可得等线段，从而确定KL是$\triangle GEF$两边中点的连线。

解　因$\angle A=90°$，$\angle ABK=45°$，故$\angle AKB=45°$，$AK=AB=1$。同理，$DL=DC=AB=1$，$KL=3-1-1=1$。又在$\triangle AEK$、$\triangle KGL$中，各有两角是$45°$，而夹边相等，故$\triangle AEK\cong\triangle KGL$，$GK=KE$。同理，$GL=LF$，故$EF=2KL=2\times 1=2cm$。

研究题四

（1）等腰三角形腰上的中线分周长成15*cm*与6*cm*的两部分，求等腰三角形各边的长。

（2）等腰△*ABC*底边*AC*上的高是*BD*，△*ABC*周长是50*m*，△*ABD*的周长是40*m*，求*BD*。

（3）等腰△*ABC*的一腰*AB*的垂直平分线*DE*，交另一腰*BC*于*E*，若已知*AB*=14*cm*，△*AEC*的周长是24*cm*，求*AC*。

（4）平行四边形的一边长9*cm*，是周长的$\frac{3}{10}$，求其他三边。

（5）▱*ABCD*的∠*A*平分线交*BC*于*E*，*AB*=9*cm*，*AD*=15*cm*，求*BE*及*FG*。

（6）过▱*ABCD*的对角线交点*O*作一直线，交*BC*、*AD*于*E*、*F*，已知*BE*=2*m*，*AF*=2.8*m*，求*BC*及*AD*。

（7）在等腰直角三角形内作一内接正方形，使它的一边在斜边上，已知斜边长3*m*，求正方形的边长。

（8）三角形各边的连比是3∶4∶6，连各边中点所成三角形的周长是5.2*m*，求原三角形各边的长。

（9）等边三角形*ABC*的两个高是*AD*、*BE*，作*DF*⊥*BE*，

若AD=6dm，求EF。

提示 $AD=BE$，试研究EF和BE的关系。

（10）矩形$ABCD$的一边BC的中点是M，$\angle AMD=90°$，周长是24m，求各边。

提示 先证$\triangle ABM \cong \triangle CDM$，然后决定各角的大小。

（11）正方形内接矩形的各边平行于正方形的对角线，矩形的一边二倍于其邻边，正方形对角线长12m，求矩形的各边。

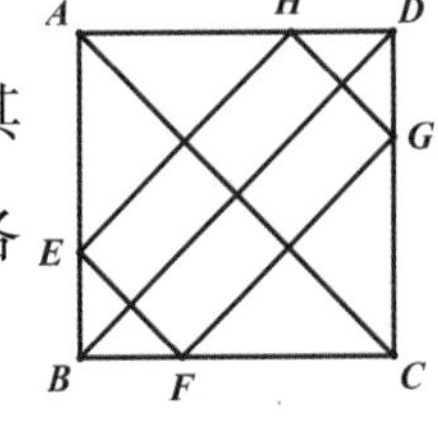

提示 试证矩形两邻边的和等于正方形的对角线。

（12）等腰直角三角形的斜边是45cm，内接矩形的一边在斜边上，两邻边的比是5∶2，求矩形的各边。

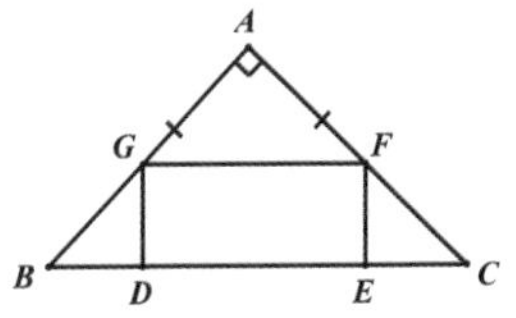

提示 先求BD∶DE∶EC，矩形的长边在BC上或短边在BC上，有两种解答。

梯形的简单计算

关于梯形中的线段的简单计算，主要是根据梯形的中线定理及等腰梯形性质的定理。下面举两个例子。

〔范例14〕设：在梯形$ABCD$中，$BC//AD$，$AC \perp CD$，AC平分$\angle A$，又$\angle D=60°$，梯形的周长是$2m$。

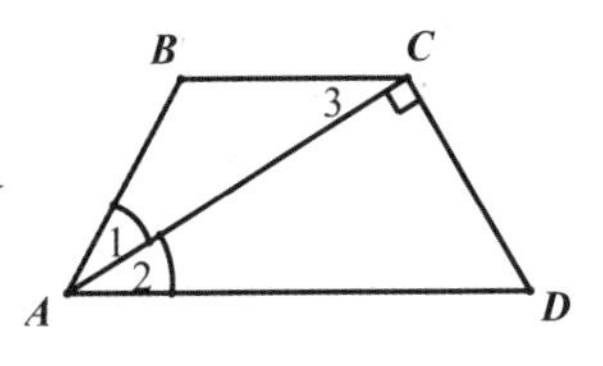

求：AD。

思考 易知$\angle 2=30°$，$\angle A=60°$，故$ABCD$是等腰梯形，又$\triangle ABC$是等腰三角形，$Rt\triangle ACD$的一锐角二倍于另一锐角，故$AB=BC=CD=\frac{1}{2}AD$。

解 在$Rt\triangle ACD$中，$\angle D=60°$，故$\angle 2=30°$，$AD=2CD$。又因$\angle 1=\angle 2=\angle 3$，故$AB=BC$，又因$\angle 1=\angle 2=30°$，$\angle A=60°=\angle D$，故$AB=CD$。于是知$AB+BC+CD+DA=5CD=2$，$CD=0.4$，$AD=0.8m$。

〔范例15〕设：等腰梯形$ABCD$的两底是AD、BC，高

AE、DF长10cm，$AC\perp BD$。

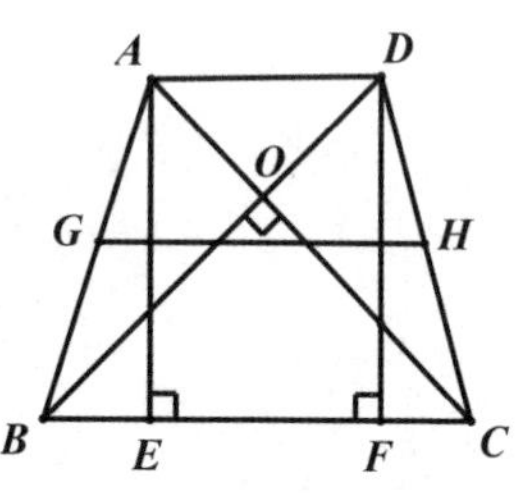

求：中线GH的长。

思考 梯形的中线等于两底和的一半，故须先求两底的和。研究两底与已知的高的关系，知道下底的一部分BF与高DF是$RT\triangle BDF$的两直角边；另一部分FC与EF（等于上底AD）的和，又与高AE是$Rt\triangle ACE$的两直角边。继续研究可知这两个直角三角形都等腰，于是问题就可解决。

解 由等腰梯形底角相等的定理，可证$\triangle ABC\cong\triangle DCB$，$\angle DBC=\angle ACB$，在$Rt\triangle OBC$中，既知二锐角相等，则各为45°。又在$Rt\triangle BDF$中，$\angle DBF=45°$，故$\angle BDF=45°$，$BF=DF=10$。同理，$CE=AE=10$。又因$AD=EF$，故$BC+AD=BF+FC+EF=BF+CE=20$。于是由梯形的中线定理，得$GH=\frac{1}{2}(BC+AD)=10cm$。

注意：如果不用两高AE和DF，另过O作一高，试解本题。

研究题五

（1）等腰梯形的腰等于中线，周长24*m*，求腰长。

（2）等腰梯形的腰长1*m*，下底2.7*m*，下底角60°，求上底。

（3）梯形的两个底各长2.4*m*、3*m*，在两腰间作平行于底的线段，长2.8*m*，这线段距两个底是否相等？如果不等，距哪条底近？

提示 研究这线段比中线长还是短。

（4）分梯形$ABCD$的一腰AB成六等分，过各分点到另一腰CD上引平行于底的线段，已知$AD=10cm$，$BC=28cm$，求所引各线段的长。

提示 从A及各点引DC的平行线，可得六个全等三角形。

（5）梯形的两对角线分中线成三等分，求两个底的比。

提示 梯形中线平分两腰及两对角线，可利用三角形两边中点连线定理。

（6）在梯形$ABCD$中，$AD//BC$，中线$EF=8dm$，交AC于G，又$EG-GF=2dm$，求AD及BC。

提示　先求BC与AD的和及差。

（7）$\triangle ABC$的$\angle A$是钝角，AD、BE、CF是三条中线，从各点向过A的一条直线XY作垂线BG、CH、DK、EL、FM，已知$AG=4cm$，$AH=2cm$，求AK、GL、HM。

提示 观察梯形$CHGB$、$\triangle ABG$、$\triangle ACH$。

（8）直角梯形（一腰垂直于底的梯形）一腰与下底的长都等于a，且该腰与下底夹60°的角，求梯形的中线。

（9）在直角梯形$ABCD$中，$\angle D=45°$，一底$AD=a$，作CD的垂直平分线EF，交BA的延长线于F，求BF。

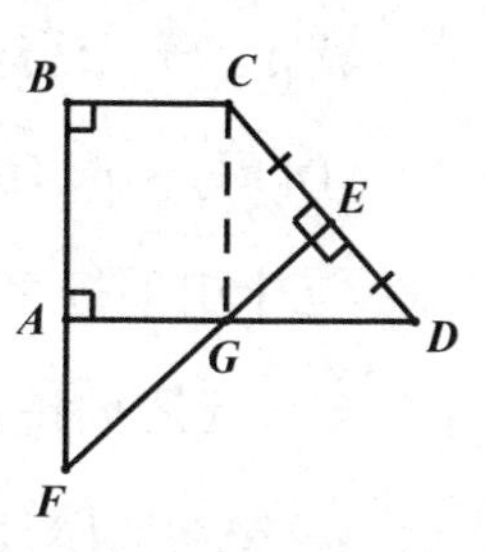

提示　若EF交AD于G，试证$BA=CG=GD$，$AF=AG$。

有关圆的线段计算

与圆有关的线段计算，主要是根据下列各定理：

(1)从圆外一点所引圆的两切线相等。

(2)两切线的夹角被从角顶到圆心的线所平分。

(3)圆的切线垂直于过切点的半径。

(4)从圆心引弦的垂线必平分弦。

(5)相切两圆的切点在中心线上，外切时的中心距离等于两半径的和，内切时的中心距离等于两半径的差。

(6)圆外切四边形两对边的和等于另两对边的和。

〔范例16〕设：两个同心圆的中心是O，大圆的二弦AB、CD垂直相交于E，各切小圆于F、G，$AE=7cm$，$EB=3cm$。

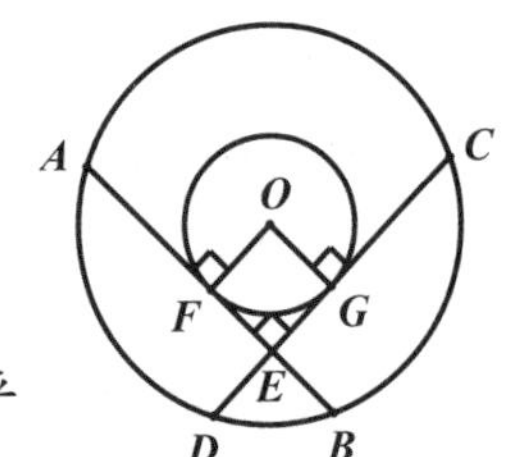

求：小圆的半经OG。

思考 因OF垂直平分AB，OG垂直平分CD，故$OFEG$是正方形，$OG=FE$，只须设法求FE即可。

解 因$OF \perp AB$，故$AF=FB$。又因$AB=AE+EB=7+3=10$，故$FB=10 \div 2=5$，$FE=5-3=2$。但$OF /\!/ GE$，$OG /\!/ FE$，故$OFEG$是▱，$OG=FE=2cm$。

〔范例17〕设：等腰梯形$ABCD$外切于⊙O，$AD /\!/ BC$，$\angle B=30°$，中线$EF=1m$。

求：⊙O的半径。

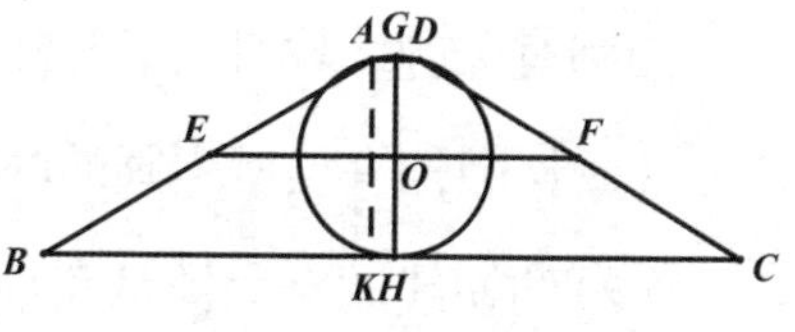

思考 外切梯形的高等于圆的直径，只须先求高GH即可。由已知中线可求两个底的和，就是两个腰的和。求得一腰的长，则由30°的角可确定梯形的高是腰长的一半。

解 设梯形的两个底切圆于G、H，则GH是⊙O的直径，且$GH \perp BC$。作$AK \perp BC$，则$AK=GH$，因$AD+BC=AB+CD=2AB$，而$AD+BC=2EF$，故$AB=EF=1$。在$Rt\triangle ABK$中，已知$\angle B=30°$，故$AK=\frac{1}{2}AB=0.5$，于是得$GH=0.5$，$OH=0.25m$。

〔范例18〕设：扇形ABC的中心角$A=60°$，半径$AB=AC=R$。

求：内切圆O的半径。

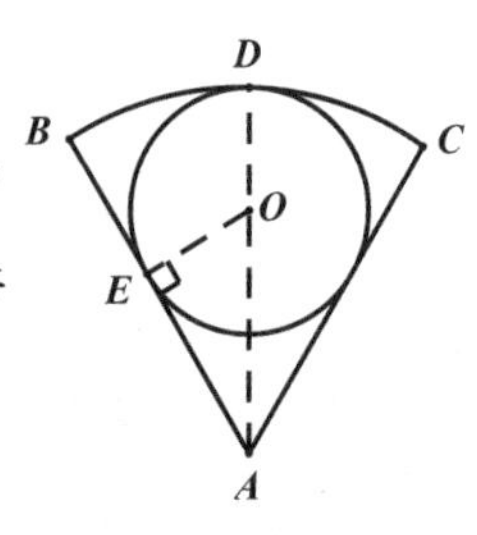

思考　从前述的定理，知道切点D与O、A在一直线上，且这直线平分$\angle A$。若内切圆切AB于E，则$\triangle OAE$是一角为$30°$的$Rt\triangle$，由此可确定OA与OE的关系。

解　连AO，延长线必过切点D，$AD=AB=R$，且AD平分$\angle A$，$\angle OAB=\frac{1}{2}\times 60°=30°$。若$\odot O$切$AB$于$E$，连$OE$，则$OE\perp AB$，在$Rt\triangle OAE$中，$OA=2OE=2OD$。于是知$OD=\frac{1}{3}AD=\frac{1}{3}R$。

研究题六

（1）$\odot O$的两弦$AB \perp AC$，它们的中点各是D、E，已知$OD=6cm$，$OE=10cm$，求AB及AC。

（2）$\odot O$的弦CD交直径AB于E，$\angle BED=30°$，$AE=2cm$，$B=6cm$，作$OF \perp CD$，求OF。

（3）$\odot O$的半径是$10cm$，两切线$MA \perp MB$，过劣弧AB上的C点作切线，交MA、MB于D、E，求$\triangle MDE$的周长。

提示　$MA=MB=10$，又$DA=DC$，$EB=EC$。

（4）两圆的两条内公切线互相垂直，连切点的弦各长$5cm$、$3cm$，求两圆心的距离。

（5）AOB是圆的直径，切线DE切圆于C，AD及BE垂直于DE，$AD=1.6m$，$BE=0.6m$，求AB。

提示　连OC，则OC是梯形的中线。

（6）两等圆P、Q互相外切，且各切于$\odot O$，$\triangle OPQ$的周长是$18cm$，求$\odot O$的半径。

提示　若两圆P、Q切于A，则$OP+PA$及$OQ+QA$各等于$\odot O$的半径。

（7）$\odot O$的半径$OG=3dm$，六个等圆A、B、C、D、E、F相切，且各内切于$\odot O$，求这六个等圆的半径。

提示 设所求的半径是x，则$OA=OB=OC=\cdots\cdots=3-x$，$\angle AOB=\angle BOC=\angle COD=\cdots\cdots=60°$，$\triangle OAB$、$\triangle OBC$、$\triangle OCD\cdots\cdots$都是正三角形，$AB=BC=CD=3-x$。但$AB=BC=CD=2x$，故可得一方程式。

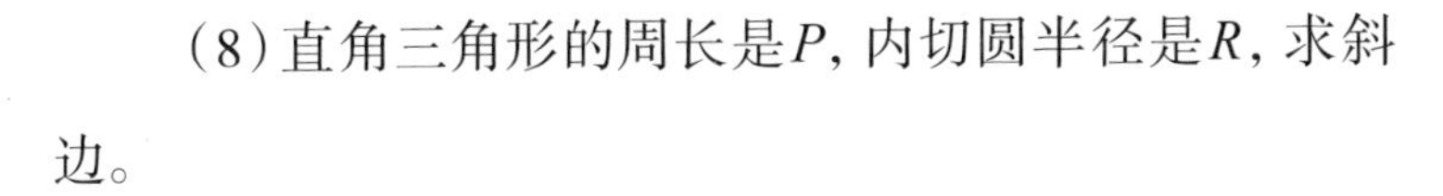

(8) 直角三角形的周长是P，内切圆半径是R，求斜边。

提示 应用两切线相等的定理。

(9) 菱形的边长是$8cm$，锐角是$30°$，求内切圆的半径。

(10) 圆外切梯形的周长是$12cm$，求它的中线。

(11) 圆外切四边形顺次三边的连比是$1:2:3$，周长$24m$，求各边。

提示 设第一边长x，则其余各边顺次$2x$、$3x$、$24-6x$。

直角三角形的边

直角三角形边长的计算，是应用最广泛的。已知直角三角形的两边而求第三边，或已知直角三角形三边的相互关系而求三边，都可应用勾股定理。又在特殊锐角的直角三角形中，已知一边就可求其余两边。我们用a、b、c顺次表示$\triangle ABC$的$\angle A$、$\angle B$、$\angle C$的对边，把这些定理列成如下的公式：

（1）若$\triangle ABC$的$\angle C=90°$，则

$C=\sqrt{a^2+b^2}$，$A=\sqrt{c^2-b^2}$，$B=\sqrt{c^2-a^2}$；

或　　$a^2+b^2=c^2$。

（2）若$\triangle ABC$的$\angle C=90°$，$\angle A=45°$，则

$c=a\sqrt{2}=b\sqrt{2}$，$a=b=\frac{\sqrt{2}}{2}\cdot c$。

（3）若$\triangle ABC$的$\angle C=90°$，$\angle A=30°$，则

$c=2a=\frac{2\sqrt{3}}{3}\cdot b$，$a=\frac{1}{2}c=\frac{\sqrt{3}}{3}\cdot b$，$b=a=\frac{\sqrt{3}}{2}\cdot c$。

在上面举的三组公式中，（1）的前三式必须在直角三

角形中有且两边都是已知数，才能应用它们，由算术方法直接求第三边。如果直角三角形中没有已知的两边，但知道各边间的相互关系，那么可用代数式表示三边，代入后一式，就得一方程式，用代数方法解出来即可。

在（2）的一个三角形是等腰直角三角形，我们在应用时不必死记公式，只要知道从腰求弦（就是斜边）用$\sqrt{2}$乘；反过来，从弦求腰用$\sqrt{2}$除即可。

又在（3）的一个三角形是正三角形被高所分成的一半，也就是一锐角二倍于另一锐角的直角三角形，只要记得弦是勾（就是短的直角边）的2倍；从勾求股（就是长的直角边）用$\sqrt{3}$乘，从股求勾用$\sqrt{3}$除即可。

下面举几个应用的例子。

〔范例19〕设：两圆O、P的半径各长$27cm$、$13cm$，两中心的距离是$50cm$。

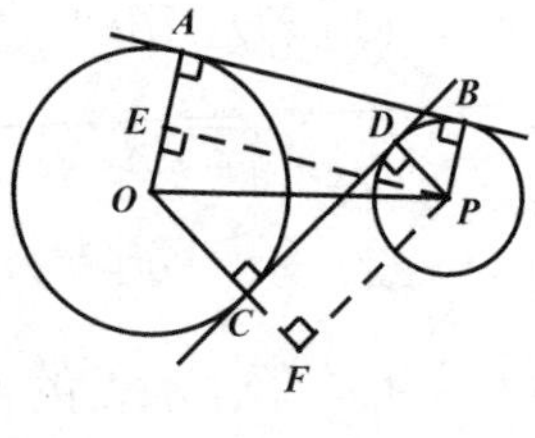

求：外公切线AB及内公切线CD的长。

思考 $OABP$是一个已知三边的直角梯形，已知三边，要求第四边，没有直接的方法。我们仿照关于梯形的证明题及作图题中常用的方法，把AB平行移动到PE，形成$Rt\triangle OPE$，就可求EP的长，即AB的长，求CD的方法可以以此类推。

解 P作$PE//BA$，则$\angle PEO=\angle BAO=90°$，易知$AEPB$是矩形，故

$OE=OA-EA=OA-PB=27-13=14$。

从勾股定理，得 $PE=\sqrt{\overline{OP}^2-\overline{OE}^2}=\sqrt{50^2-14^2}=48$，

即 $AB=48cm$。

又从P作$PF//DC$，交OC的延长线于F，仿前理，知

$OF=OC+CF=OC+DP=27+13=40$。

$PF=\sqrt{\overline{OP}^2-\overline{OF}^2}=\sqrt{50^2-40^2}=30$，

即 $CD=30cm$。

〔范例20〕互相外切的三个等圆，内切于一正三角形，该正三角形的边是a，求圆的半径。

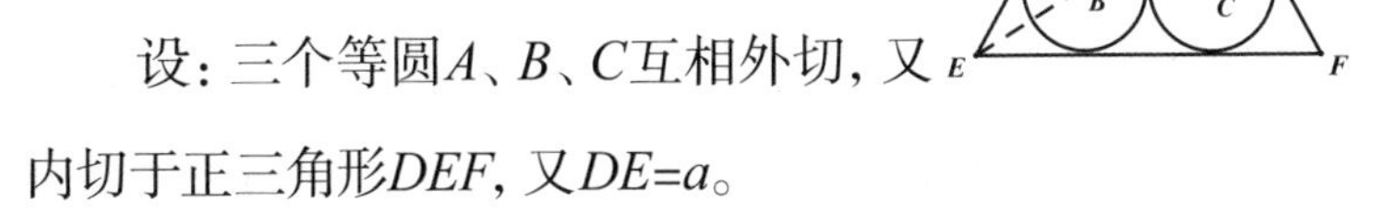

设：三个等圆A、B、C互相外切，又内切于正三角形DEF，又$DE=a$。

求：圆的半径。

思考 若⊙A及⊙B切DE于G、H，因DA、EB各平分$\angle D$、$\angle E$，且AG、BH各垂直于DE，故半径AG是含30°角的直角三角形的勾。若能求得DG、DA二线之一，AG就不难求到了。又因AB必过切点，$ABHG$是矩形，故$GH=AB=2\times$半径。又

$\triangle DAG \cong \triangle EBH$，$DG=EH$，可见$DG$不能直接求出，只能用$\frac{1}{2}$（$a-2\times$半径）表示，$DA$也能表示，所以知道本题要利用代数方程式，才能得到解答。

解　设圆的半径是X。$\odot A$、$\odot B$切DE于G、H，则

$AG=BH=x$。

因DA、EB平分$\angle D$、$\angle E$，AG及BH都垂直于DE，所以

$\angle ADG=\angle BEH=30°$，$\angle AGD=\angle BHE=90°$，

$\triangle AGD \cong \triangle BHE$，$DG=EH$。

又因AB过两圆的切点，$ABHG$是矩形，所以

$GH=AB=2x$，$DG=\frac{1}{2}(a-2x)$。

但　　　$DA=2AG=2x$，

所以在$\triangle AGD$中，由勾股定理得方程式

$x^2+[\frac{1}{2}(a-2x)]^2=(2x)^2$。

化简得　$8x^2+4ax-a^2=0$。

解得　　$x=\frac{-1+\sqrt{3}}{4}\cdot a\approx 0.183a$。（另有一负根不适用）

注意：解题所用的方法不是一成不变的，初学者应加以研究，尽量活用，以求获得进步。如本题的解法，还可以变通一下，得如下的方法：

因　$AG=BH=x$，$AD=BE=2x$，$DG=EH=\sqrt{3}x$，得方程式

$2\sqrt{3}x+2x=a$。

解得的结果与前相同。

〔范例21〕设：⊙O的两条平行弦AB=40cm，CD=48cm，中间的距离是22cm。

求：⊙O的半径。

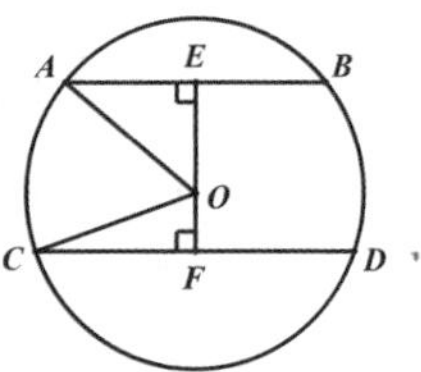

思考　过O作两弦的公垂线EF，就是已知的距离，于是可得两个$Rt\triangle$，它们的斜边都等于所求的半径，已知这两个$Rt\triangle$的两条直角边，另外两条直角边有已知的和，可列方程式解得半径。

解　作$OE\perp AB$，延长EO，交CD于F，则$EF=22$，设$OA=OC=x$，$OE=y$，则$OF=22-y$，$AE=\frac{1}{2}AB=20$，$CF=\frac{1}{2}CD=24$。因$\triangle OAE$、$\triangle OCF$都是直角三角形，故由勾股定理得联立方程式

$$\begin{cases}20^2+y^2=x^2\\24^2+(22-y)^2=x^2.\end{cases}$$

解得y=15，故　　X=25cm。

注意：如果AB、CD在圆心O的同侧，则$OE=y$，$OF=y-22$，解得OE=15，OF=15−22=−7，为不合理。

研究题七

(1) 矩形两邻边的长各是60cm、91cm，求对角线。

(2) 正方形的对角线与边长相差2cm，求边长。

(3) 正三角形的高是h，求边长。

(4) 等腰三角形的腰为17cm，底为16cm，求高。

(5) 菱形两对角线长各为70cm、24cm，求边长。

(6) 等腰梯形的两底长各为10cm、24cm，腰长为25cm，求高。

(7) 三角形的两腰长各为25cm、30cm，底边上的高24cm，求底边的长（有两种情形）。

(8) 直角三角形的两条直角边长各为8dm、18cm，求外接圆的半径。

(9) 半径89cm的圆中，有一长160cm的弦，求它和圆心的距离。

(10) 圆O的半径OD被垂直于它的弦AB分成两部分，OC=9cm，CD=32cm，求AB。

(11) 两相交圆的公弦是24dm，半径各为15dm、13dm，求两圆心的距离（有两种情形）。

(12) 圆的半径长36cm，从距离圆心85cm的一点引圆的切线，求这切线的长。

(13) 相离两圆的中心距离是65cm，外公切线长63cm，内公切线长25cm，求两圆的半径。

提示 参〔范例19〕，先求两圆半径的差及和。

(14) 弦CD平行于直径AB，$AC=13cm$，$AD=84cm$，求圆的半径。

提示 $BD=13cm$。

(15) $\odot O$的切线AB与割线ACD互相垂直，$AB=12cm$，$CD=10cm$，求圆的半径。

提示 作$OE\perp CD$，注意$Rt\triangle OCE$。

(16) 在$\triangle ABC$中，$BC=60cm$，BC上的中线$AD=13cm$，高$AE=12cm$，求AB及AC。

提示 依次解三个直角三角形。

(17) 圆的半径是25cm，一弧所对的弦是48cm，求这弧的一半所对的弦长。

(18) 外切的两圆O、P，半径各是R、r，从O引$\odot P$的切线OA，从A引$\odot O$的切线AB，求AB。

提示 先求OA。

(19) 直角梯形$ABCD$的一腰AB垂直于两底，$AD=b$，$BD=CD=a$，求AC。

提示 作$DE\perp BC$，先计算BC与AB的长。

（20）延长半径OA到B，从B作切线BC，$AB=2m$，$BC=8m$，求OA。

（21）扇形OAB的中心角$O=90°$，半径是$2dm$，以半径OA为直径在扇形内作半圆，又以OB上的一部分BE为直径在扇形内作半圆，与前一半圆相切，求后一半圆的半径。

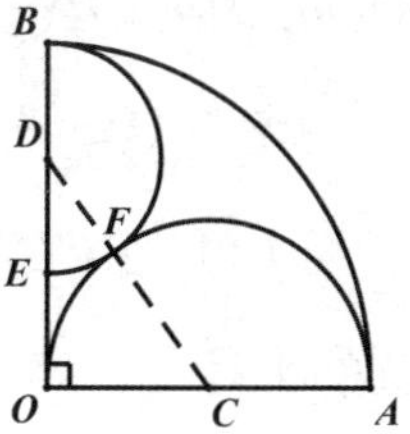

B D F E O C A

提示　设所求的半径是x，则$OD=2-x$，$OC=1$，$CD=1+x$。

（22）三角形的两腰长各为$41cm$、$50cm$，这两个腰在底边上的射影的比是3∶10，求底边上的高。

提示　设高为x，一射影为$3y$，则另一射影为$10y$。

任意三角形和平行四边形的边

从上一节，知道直角三角形的三条边之间有直接的关系，所以可由已知的两边求第三边。如果在锐角三角形或钝角三角形中，必须要知道两条边中的一边（如图中的b）在另一边（c）上的射影（p），才能求第三条边（a），公式如下：

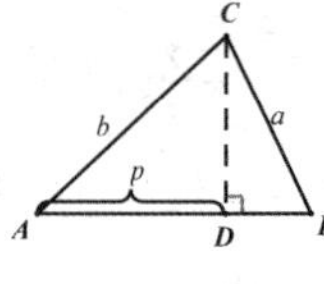

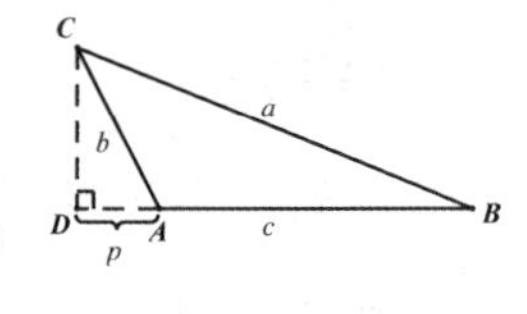

（1）若$\triangle ABC$的$\angle A<90°$，则

$$a=\sqrt{b^2+c^2-2cp}$$。

（2）若$\triangle ABC$的$\angle A>90°$，则

$$a=\sqrt{b^2+c^2+2cp}$$。

如果没有已知的两条边，而知道各边间的关系，则可列代数式表示各边，然后变通公式$a^2=b^2+c^2\pm 2cp$列方程式。

〔范例22〕设：在$\triangle ABC$中，$\angle A=60°$，$BC=13cm$，

$AB+AC=22cm$。

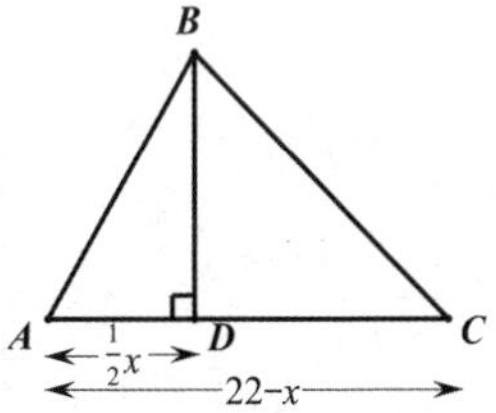

求：AB及AC。

思考 在$\triangle ABC$中，虽然只知道一边，但其他两边之间有简单关系。且因$\angle A=60°$，可推得AB在AC上的射影等于AB的一半，于是可由方程式求AB及AC。

解 设$AB=x$，则$AC=22-x$，作$BD\perp AC$，因$\angle A=60°$，故$AD=\frac{1}{2}x$。又已知锐角A的对边$BC=13$，根据锐角三角形的定理，得方程式

$$13^2=x^2+(22-x)^2-2(22-x)\cdot\frac{1}{2}x。$$

化简得 $$x^2-22x+105=0。$$

解得 $x=15$或7，$22-x=7$或15。

所以在AB、AC两边中，任一边长$15cm$，则另一边长$7cm$。

〔范例23〕设：在$\triangle ABC$中，$\angle A$是钝角，$BC=16cm$，AB在AC上的射影$AD=3cm$，AC在AB上的射影$AE=2cm$。

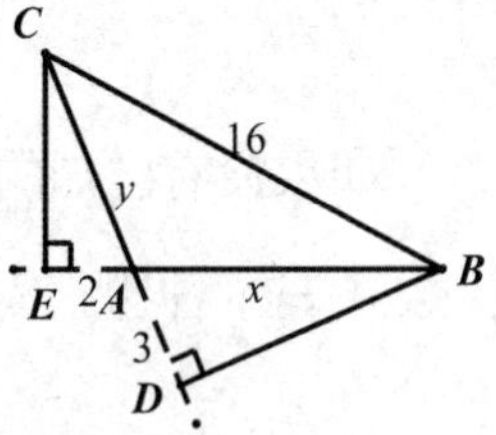

求：AB及AC。

思考 在钝角$\triangle ABC$中，只知道钝角的对边，其他两边之间又不知道有何简单关系，所以只能

用x、y分别代表这两边，设法列两个方程式。

解　设$AB=x$，$AC=y$，则由钝角三角形定理，得联立方程式

$$\begin{cases}16^2=x^2+y^2+2y\times 3\\16^2=x^2+y^2+2x\times 2\end{cases}$$

两式相减，得$4x-6y=0$，即$y=\frac{2}{3}X$，代入任一方程式，可解得

$x=12cm$，$y=8cm$。（另外各有一负值，不适用）

平行四边形的各边间，也没有直接关系，但若涉及两对角线，则有如下的简单关系：

$$\overline{AB}^2+\overline{BC}^2+\overline{CD}^2+\overline{DA}^2=\overline{AC}^2+\overline{BD}^2$$

因平行四边形的对边相等，故若以a、b表示两邻边，l、m表示两对角线，则上面举的公式可简化如下：

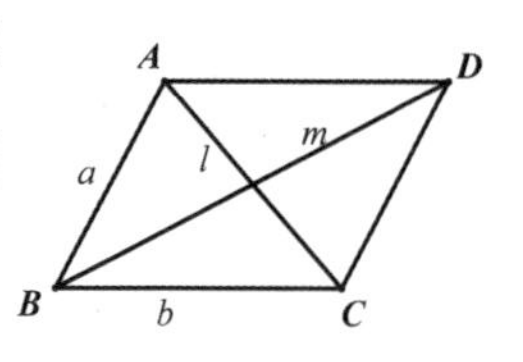

$$2(a^2+b^2)=l^2+m^2。$$

〔范例24〕设：▱$ABCD$的底边$BC=51cm$，两对角线$AC=40cm$，$BD=74cm$。

求：高AE。

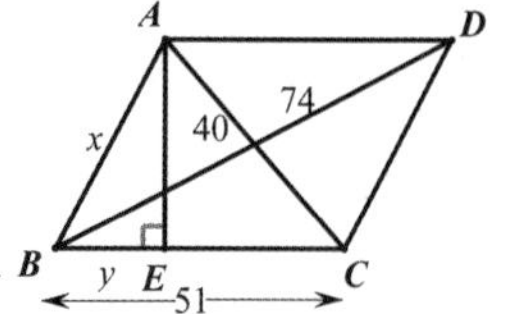

思考　已知▱的一边及两对角线，可先求另一边AB。既知AB，必须再求BE，才能得所求的AE。因△ABC已知三边，BE是AB在BC上的射影，故BE是容易求

的。

解 设$AB=X$，由平行四边形的定理，得方程式

$$2(x^2+51^2)=40^2+74^2。$$

解得 $x=\sqrt{937}$*。

又因在$\triangle ABC$中，AC不是最长边，故$\angle B$是锐角。设$BE=y$，由锐角三角形的定理，得

$$40^2=(\sqrt{937})^2+51^2-2\times 51y。$$

解得 $y=19$。

$$\therefore AE=\sqrt{(\sqrt{937})^2-19^2}=24cm。$$

---

*这里不要实行开方，原因除计算的中途不宜求近似值外，又因以下各步计算只用到X^2，而不用X，如果实行开方，徒然耗费时间，且易造成错误。

研究题八

（1）三角形两边的长是5dm、8dm，夹角是60°，求第三边。

（2）三角形两边的长是2dm、3dm，夹角是45°，求第三边。

（3）三角形两边的长是10cm、13cm，角是120°，求第三边。

（4）三角形两边的长是12cm、28cm，对28cm的角是120°，求第三边。

提示 设所求边为x，则这条边在12cm上的射影是$\frac{1}{2}x$。

（5）在△ABC中，AB比BC长1cm，BC比CA长1cm，AB在BC上的射影是9cm，求各边。

提示 设$CA=x$，则$BC=x+1$，$AB=x+2$，又∠B是锐角。

（6）在△ABC中，∠A=60°，BC=21cm，AB∶AC=3∶8，求AB、AC。

提示 $AB=3x$，则$AC=8x$，AC在AB上的射影是$4x$。

（7）在△ABC中，∠A=60°，AC=16cm，BC=14cm，求AB。

提示 ∠B是锐角或钝角，有两种情形。

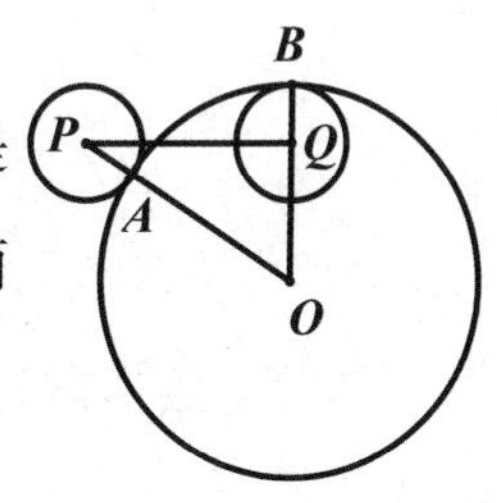

（8）一大圆与两相等的小圆相切，一为内切，一为外切，两切点间的弧是60°，大圆半径为R，小圆半径为r，求两小圆中心的距离。

提示　$\angle POQ=60°$，$OP=R+r$，$OQ=R-r$。

（9）下列各组数值是三角形三边的长，若按角来分类，求它们各是哪一种三角形？（a）2，3，4；（b）3，4，5；（c）4，5，6。

提示　用已知数代入公式$a^2=b^2+c^2+2cp$，其中的A是最长边。若求得的p是正数，则为钝角三角形；p是负数，则为锐角三角形；p是0，则为直角三角形。

（10）等腰$Rt\triangle ABC$的腰长是a，延长斜边AB到D，使$BD=a$，求CD。

提示　先求AC在AD上的射影。

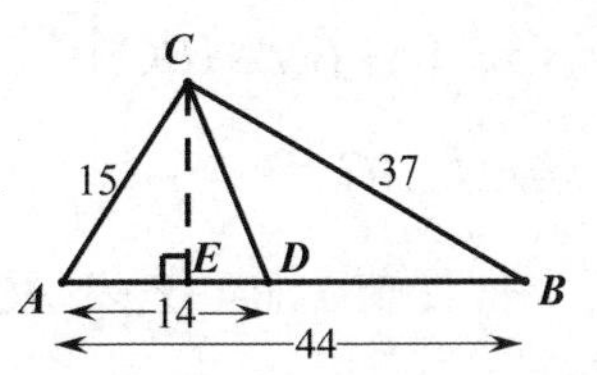

（11）在$\triangle ABC$中，$AB=44cm$，$BC=37cm$，$AC=15cm$，在AB上取$AD=14cm$，求CD。

提示　$\angle A$是锐角，先就$\triangle ABC$求AE，再就$\triangle ADC$求CD。

（12）等腰梯形两底长各为$4cm$、$6cm$，腰长$5cm$，求对角线。

提示 腰在底上的射影是两底差的一半。

(13) 梯形的两底长各为11*cm*、25*cm*，两腰长各为15*cm*、13*cm*，求高及两对角线。

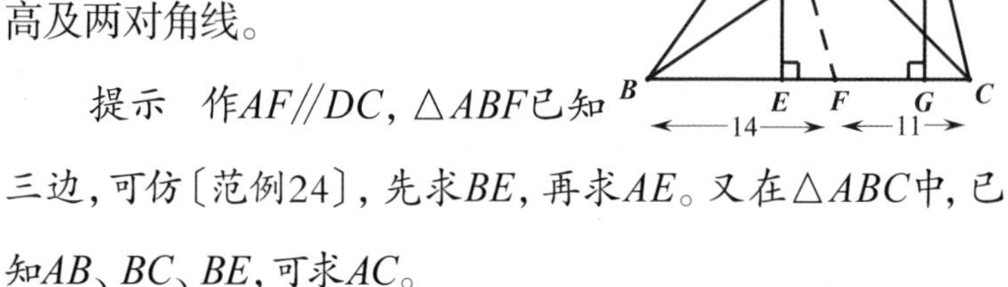

提示 作$AF // DC$，$\triangle ABF$已知三边，可仿〔范例24〕，先求BE，再求AE。又在$\triangle ABC$中，已知AB、BC、BE，可求AC。

(14) 平行四边形的两边长各为11*cm*、23*cm*，两对角线的比是2∶3，求两对角线。

注意：凡已知两线段的比，而求这两线段的问题，常用x表示这两线段的公约量。像上面的第(6)题及第(14)题都是。

(15) 平行四边形的两对角线长各为12*cm*、14*cm*，两邻边的差是4*cm*，求两邻边。

三角形中的特殊线

三角形中有几种特殊的线段，像高、中线和角平分线，以及各边被内切圆或傍切圆的切点所分得的线段，都可从已知的三边而求得它们的长。求三角形高的方法，虽然已见〔范例24〕，但须分两个步骤，如果把这两步手续合并起来，列成公式，又很复杂，难以记忆。求平分角线的方法也有类似的情形。我们常用s来代表三角形的半周，即

$$s=\frac{1}{2}(a+b+c)$$

这样一来，能把公式变得非常整齐而易记。现在把这些公式列举于下面，并附简要的证明。

(1)求$\triangle ABC$的三个高（h_a表示a边上的高，其余类推）：

$$h_a=\frac{2}{a}\sqrt{s(s-a)(s-b)(s-c)},$$

$$h_B=\frac{2}{b}\sqrt{s(s-a)(s-b)(s-c)},$$

$$h_C=\frac{2}{c}\sqrt{s(s-a)(s-b)(s-c)}。$$

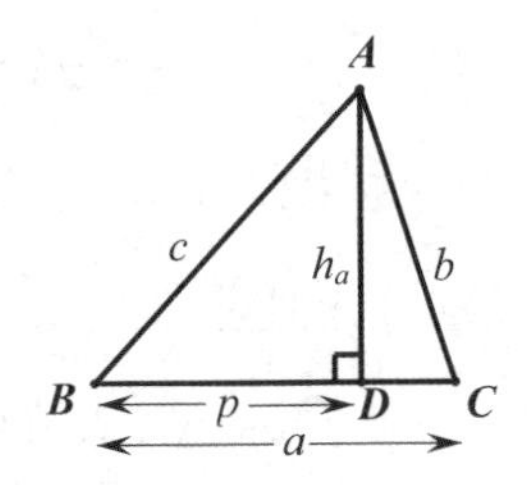

证：∵ $b^2=a^2+c^2\mp 2ap$,

∴ $p=\pm\ \frac{a^2+c^2-b^2}{2a}$。

于是可得 $h_a=\sqrt{c^2-p^2}=\sqrt{c^2-\left(\frac{a^2+c^2-b^2}{2a}\right)^2}$

$=\sqrt{ac^2-\left(a^2+c^2-b^2\right)}$

$=\frac{1}{2a}\sqrt{\left(2ac+a^2+c^2-b^2\right)\left(2ac-a^2-c^2+b^2\right)}$

$=\frac{1}{2a}\sqrt{(a+c+b)(a+c-b)(b+a-c)(b-a+c)}$。

但 $a-c+b=2s$, $a+c-b=2(s-b)$,

$b+a-c=2(s-c)$, $b-a+c=2(s-a)$,

代入上式，得$h_a=\frac{1}{2a}\sqrt{2s\cdot 2(s-b)\cdot 2(s-c)\cdot 2(s-a)}$

$=\frac{2}{a}\sqrt{s(s-a)(s-b)(s-c)}$。

其余同理。

（2）求△ABC的三条中线：

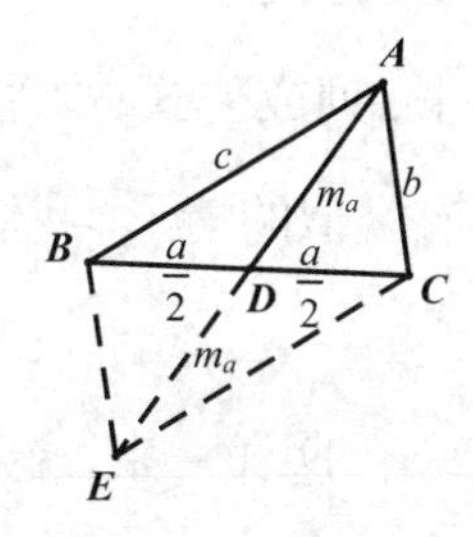

$m_a=\frac{1}{2}\sqrt{2\left(b^2+c^2\right)-a^2}$,

$m_b=\frac{1}{2}\sqrt{2\left(c^2+a^2\right)-b^2}$,

$m_c=\frac{1}{2}\sqrt{2\left(a^2+b^2\right)-c^2}$。

证：延长中线AD到E，使$DE=AD=m_a$，则$ABEC$是一个平行四边形，由前面所举平行四边形的定理，得

$$2(b^2+c^2)=(2m_a)^2+a^2。$$

移项，开平方，再除以2，就得上面举的第一个公式，其余二式同理。

（3）求△ABC的三条平分角线：

$t_a=\frac{2}{b+c}\sqrt{tas(s-a)}$,

$t_b=\frac{2}{c+a}\sqrt{cas(s-b)}$,

$t_c=\frac{2}{a+b}\sqrt{abs(s-c)}$。

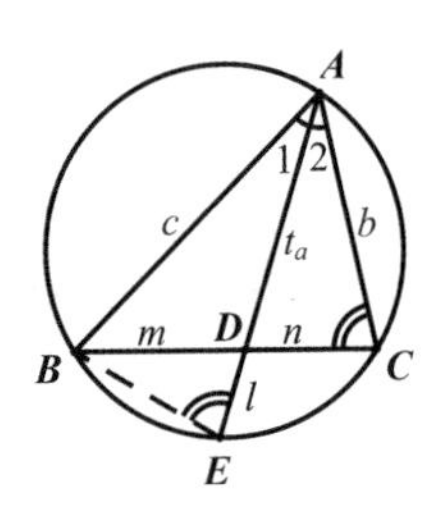

证：延长角平分线AD，交外接圆于E，连BE。

因 $\angle 1=\angle 2$，$\angle E=\angle C$，故$\triangle ABE\backsim\triangle ADC$，$c:t_a=(t_a+l):b$，$t_a^2=bc-t_al$。

但 $t_al=mn$，故

$$t_a^2=bc-mn\cdots(\text{i}),$$

又因$\begin{cases}m:n=c:b\cdots\cdots(\text{ii})\\ m+n=a\cdots\cdots(\text{iii}).\end{cases}$

用合比化(ii)，得 $m:(m+n)=c:(c+b)$，

以(iii)代，得 $m:a=c:(c+b)$。

$\therefore$ $m=\frac{ac}{c+b}$ 同理$n=\frac{ab}{c+b}$。

以上述二式代入(i)，再开平方，得

$$t_a=\sqrt{bc-\frac{a+bc}{(c+b)^2}}=\sqrt{\frac{bc(c+b)-a\cdot bc}{(c+b)^2}}$$

$$=\frac{}{c\quad b}\sqrt{bc\left[(c-b)-a\ \right]}=\frac{1}{c+b}\sqrt{bc(c+b+a)(c+b-a)}$$

$$=\frac{1}{c+b}\sqrt{bc\cdot 2,\cdot 2(s-a)}=\frac{2}{c+b}\sqrt{tc_2(s-a)}\text{。}$$

其余同理。

(4)如图，$\triangle ABC$的内切圆切各边于D、E、F，a边外的傍切圆切各边或其延长线于G、H、K，则

$AH=AK=s$，

$AE=AF=s-a$,

$BD=BF=CG=CH=s-b$,

$CD=CE=BG=BK=s-c$。

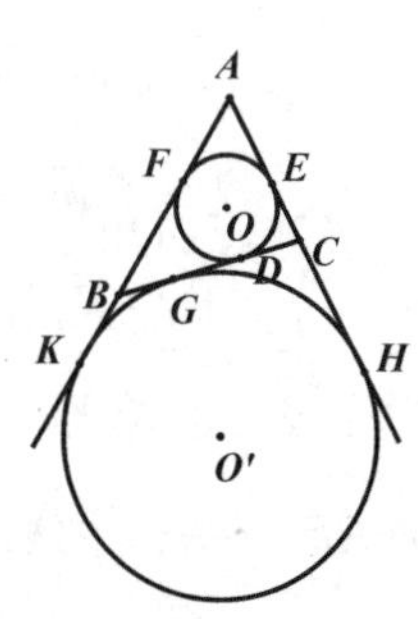

证：因 $AH+AK=AB+AC+BK+CH=AB+AC+BG+CG$

$=AB+AC+BC=a+b+c=2s$,

∴ $AH=AK=s$。

又因 $AE+AF=AC-CE+AB-BF=AC-CD+AB-BD$

$=AC+AB-BC=b+c-a=2(s-a)$,

∴ $AE=AF=s-a$。

同理 $BD=BF=s-b$,

$CD=CE=s-c$。

又根据前式，可得 $CH=AH-AC=s-b$,

$BK=AK-AB=s-c$,

∴ $CG=CH=s-b$,

$BG=BK=s-c$。

〔范例25〕设：$\triangle ABC$的三中线是AD、BE、CF，$AD=22.5cm$, $BE=15cm$, $AB=23cm$。

求：CF。

思考　因三角形的三中线共点，该点分各中线成2∶1的两部分，故AG及BG为已知，从而在$\triangle ABG$中，可求GF。

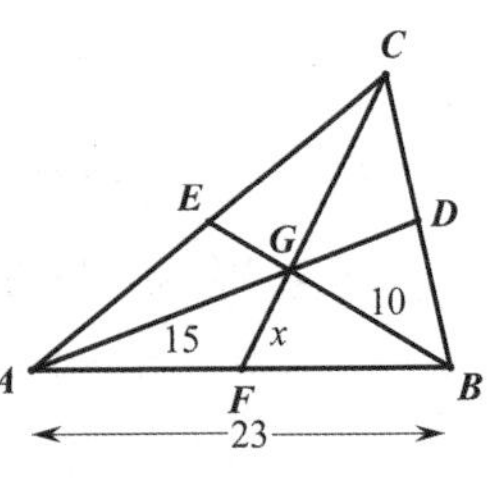

解　若三中线相交于G，则根据中线定理，知道

$AG=\frac{2}{3}\times 22.5=15$，$BG=\frac{2}{3}\times 15=10$。

在$\triangle ABG$中，设中线$GF=x$，则由公式得

$x=\frac{1}{2}\sqrt{2\left(15^2+10^2\right)-23^2}=5.5$。

$\therefore CF=3x=3\times 5.5=16.5cm$。

〔范例26〕设：在$\triangle ABC$中，$AB=14$，$BC=16$，$AC=6$。

求：$\angle C$。

思考　已知三角形的三边而求角的问题，在几何学中一般都不能解。若遇特殊的问题，可利用直角三角形的斜边为一直角边的二倍，来确定两个锐角一是30°，一是60°。于是试作高AD，造成$Rt\triangle ADC$，计算AD及CD的长。

解　作高$AD=h_a$，已知$a=16$，$b=6$，$c=14$，$s=\frac{1}{2}(a+b+c)=18$，由公式得

$$h_a=\frac{2}{a}\sqrt{s(s-a)(s-b)(s-c)}=\frac{2}{16}\sqrt{18\cdot 2\cdot 12\cdot 4}$$

$=\frac{1}{8}\sqrt{3^2\cdot2^2\cdot2^2\cdot2^2\cdot3}=\frac{1}{8}\cdot3\cdot2\cdot2\cdot2\sqrt{3}=3\sqrt{3}$。

$\therefore\qquad CD=\sqrt{b^2-h_a^2}=\sqrt{6^2-(3\sqrt{3})^2}=3$。

因AC恰为CD的2倍，故　$\angle C=60°$。

〔范例27〕设：在四边形$ABCD$中，$AB=10$，$BC=17$，$CD=13$，$DA=20$，$AC=21$。

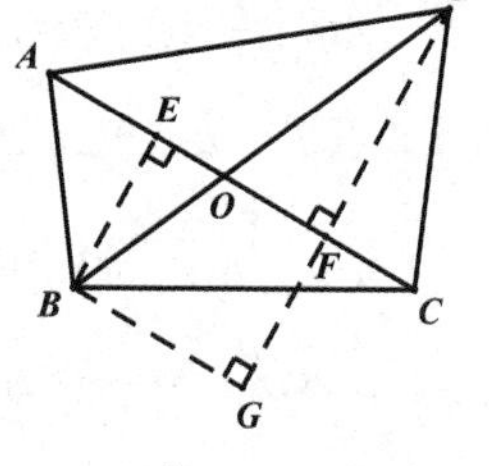

求：BD。

思考　图中虽有许多三角形，但所求的BD线不是它们的高、中线或平分角线。观察各个三角形，其中有$\triangle ABC$及$\triangle ADC$各已知三边，试利用这两个三角形，先求它们的高BE及DF。研究从BE及DF能否求出BD。很容易发现BD的两部分BO、OD各是$Rt\triangle BEO$、$Rt\triangle DFO$的斜边，但这两个直角三角形的边EO及OF都无法求出，所以还要另想别法。因为在$\triangle ABE$及$\triangle CDF$中可求AE及CF，而AC为已知，故可求EF的长，平移EF到BG，因DG等于DF、BE的和，于是BD即可求出。

解　作$\triangle ABC$、$\triangle ADC$的高BE、DF，又作$BG/\!/AC$，交DF的延长线于G，则$BEFG$是矩形，BDG、ABE、CDF都是直角三角形。在$\triangle ABC$中，

$s=\frac{1}{2}(10+17+21)=24$，

由三角形求高的公式得

$BE=\frac{2}{21}\sqrt{24(24-10)(24-17)(24-21)}=8$。

在△ADC中，仿上法得

$DF=\frac{2}{21}\sqrt{27(27-13)(27-20)(27-21)}=12$。

∴　　　$DG=DF+BE=12+8=20$。

又在Rt△ABE、CDF中，由勾股定理得

$AE=\sqrt{10-8^2}=6$，$CF=\sqrt{13^2-12^2}=5$。

∴　　　$BG=EF=AC-AE-CF=21-8-5=10$。

在Rt△BDG中，仿上法可得

$ED=\sqrt{\overline{DG}^2+\overline{BG}^2}=\sqrt{20^2\quad 10^2}=10\sqrt{\ }\approx 22.4$。

研究题九

（1）一三角形的三边分别是13、37、40，求40上的高。

（2）一三角形的三边分别是13、19、22，求22上的高。

（3）一三角形的两边分别是11、23，第三边上的中线是10，求第三边。

（4）三角形一边长26*cm*，这边上的中线长16*cm*，其他两边的比是3∶5，求这两条边。

（5）三角形的三边分别是6、7、8，求7的对角平分线。

（6）三角形两边各长6*m*、12*m*，夹角是120°，求该角的平分线。

（7）在公式（4）的圆中，试求*DG*、*EH*、*FK*的长。

三角形的相关圆的半径

每一个三角形必有一个外接圆，又有一个内切圆和三个傍切圆。已知三角形的三边，可求这五个相关圆的半径。下面列举公式，并附简要的证明。

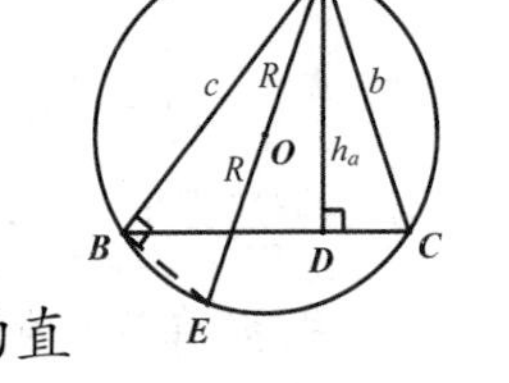

（1）求△ABC外接圆的半径：

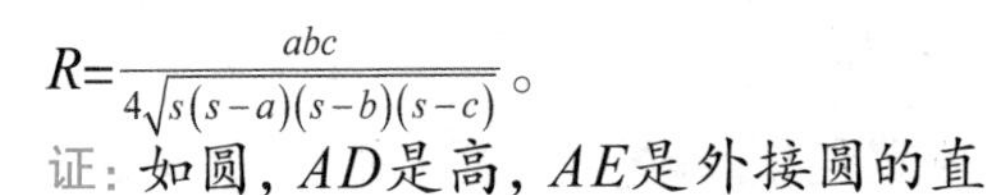

$R=\frac{abc}{4\sqrt{s(s-a)(s-b)(s-c)}}$。

证：如圆，AD是高，AE是外接圆的直径，因$\angle E=\angle C$，$\angle ABE=\angle ADC$，故△ABE∽△ADC，

$c∶h_a=2R∶b$，$R=\frac{bc}{2h_a}$。

以三角形求高的公式代入，得

$R=\frac{bc}{2\cdot\frac{2}{a}\sqrt{s(s-a)(s-b)(s-c)}}=\frac{abc}{4\sqrt{s(s-a)(s-b)(s-c)}}$。

（2）求△ABC内切圆的半径：

$r=\frac{\sqrt{s(s-a)(s-b)(s-c)}}{s}$。

证明见下条。

（3）求△ABC傍切圆的半径（r_a表示a边外的傍切圆半

径，其余类推）：

$$r_a=\frac{\sqrt{s(s-a)(s-b)(s-c)}}{s-a},$$
$$r_b=\frac{\sqrt{s(s-a)(s-b)(s-c)}}{s-b},$$
$$r_c=\frac{\sqrt{s(s-a)(s-b)(s-c)}}{s-c}。$$

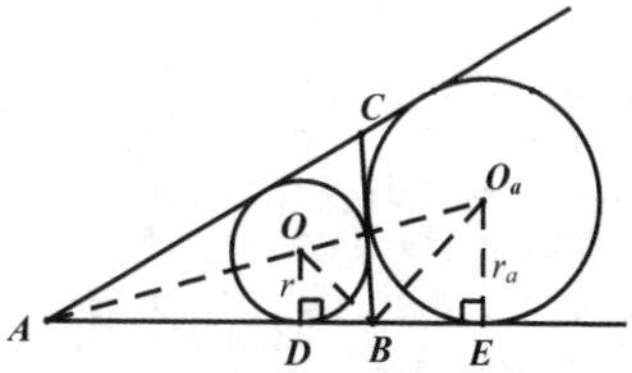

证：设内切圆的半径$OD=r$，a边外的傍切圆的半径$O_aE=r_a$，因

$\angle OBD=\angle OBC$（两切线的交角被从顶点到圆心的线所平分）

$=90°-\angle CBO_a$（邻补角的两条平分线互相垂直）

$=90°-\angle EBO_a=\angle BO_aE$，

故 $Rt\triangle ODE \backsim Rt\triangle BO_aE$，

$OD:DB=BE:O_aE$。

根据前节的公式(4)，知道

$AE=s$，$AD=s-a$，$BD=s-b$，$BE=s-c$，

代入上式，得 $r:s-b=s-c:r_a$……(i)

同理 $OD:AD=O_aE:AE$，

即 $r:s-a=r_a:s$……(ii)

由(i)(ii)相乘，得

$r^2:(s-a)(s-b)=(s-c):s$。

$\therefore \quad r=\sqrt{\frac{(s-a)(s-b)(s-c)}{s}}=\frac{\sqrt{s(s-a)(s-b)(s-c)}}{s}$。

再从(ii)式得

$r_a=\frac{s}{s-a}\cdot r=\frac{\sqrt{s(s-a)(s-b)(s-c)}}{s-a}$。

同理可得其余两式

如果△ABC是直角三角形，即∠C=90°，则

(1') $r=\frac{1}{2}c$,

(2') $r=s-c$,

(3') $r_a=s-b$,

$r_b=s-a$。

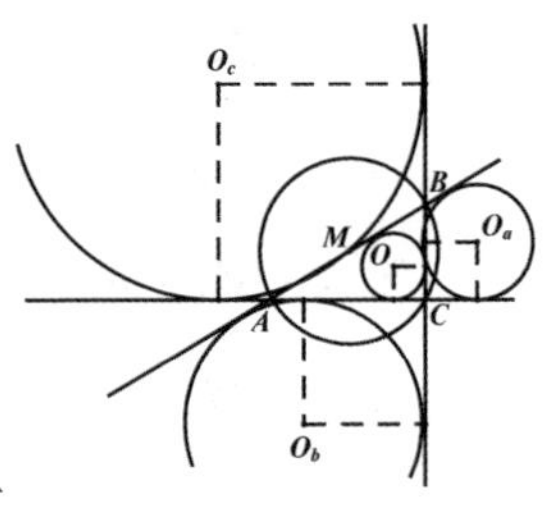

除(1')式的理由最为简单外，其余各式也只须应用切线相等的定理就可证明，现在不再详述，让读者自己研究。

〔范例28〕设：在△ABC中，a=13，b=14，c=15。

求：外接圆半径R，内切圆半径r，傍切圆半径r_a、r_b、r_c。

解 $\because s=\frac{1}{2}(13+14+15)=21$,

$\sqrt{s(s-a)(s-b)(s-c)}=\sqrt{21(21-13)(21-14)(21-15)}=84$。

故由公式得 $R=\frac{13\times14\times15}{4\times84}=8\frac{1}{8}$，$r=\frac{84}{21}=4$,

$r_a=\frac{84}{21-13}=10\frac{1}{2}$，$r_b=\frac{84}{21-14}=12$，$r_c=\frac{84}{21-15}=14$,

〔范例29〕设：在Rt△ABC中，两直角边的比a∶b=20∶21，外接圆半径与内切圆半径的差是$R-r$=17cm。

求：a、b。

解　设$a=20x$，则$b=21x$，

$c=\sqrt{(20x)^2+(21x)^2}=29x$，

$s=\frac{1}{2}(20x+21x+29x)=35x$，

$R=\frac{1}{2}\cdot 29x=\frac{29}{2}x$，

$r=35x-29x=6x$。

由假设得方程式　　　$\frac{29}{2}x-6x=17$，

解　　　　　　　　　$x=2$，

∴　　　$a=20\times 2=40cm$，$b=21\times 2=42cm$。

研究题十

(1) 在△ABC中已知a=15, b=13, c=4, 求R、r、r_a、r_b、r_c。

(2) △ABC的∠C=90°, AC=42cm, BC=40cm, 求外接、内切及傍切共五个圆的半径。

(3) 在△ABC中, a=20, b=15, b在c上的射影是9, 求外接圆半径。

(4) △ABC的外接圆半径是5cm, AB=4cm, AC=5cm, 求h_a。

提示 利用公式(1)的证明中的比例式。

(5) 等腰三角形两腰的长是6cm, 底边上的高是4cm, 求外接圆半径。

(6) 在△ABC中, a=9, b=12, R=7.5, 求c。

提示 先求h_c。

有关平行线的比例线

求线段长度的问题，有许多要应用比例线段的定理。这样的定理很多，现在先举关于平行线的四条边，并列举相关应用的例子。

（1）三角形一边的平行线，分其他两边成比例线段。

（2）三角形一边的平行线，与其他两边的延长线相交，则对应线段成比例。

（3）梯形的底的平行线，分两腰成比例线段。

（4）从一点引三条射线，分两平行线成比例线段。

〔范例30〕设：$\triangle ABC$的高是AD，BC的垂直平分线是EF，BD=15cm，DC=27cm，AC=45cm。

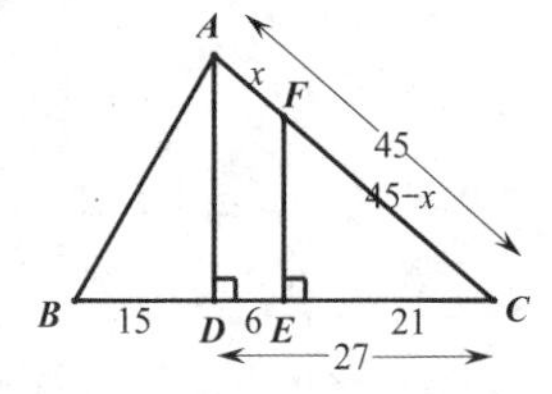

求：AF及FC。

思考 所求的两线段，是在$\triangle ADC$的一边上被第二边的平行线所分的二分，如果在第三边上被同线所分的二分为已知，则问题即可解决。因为当$\angle B$是锐角时，BC等于DC、DB的和；$\angle B$是钝角时，BC等于DC、DB的差，所以本题有两种不同的解答。

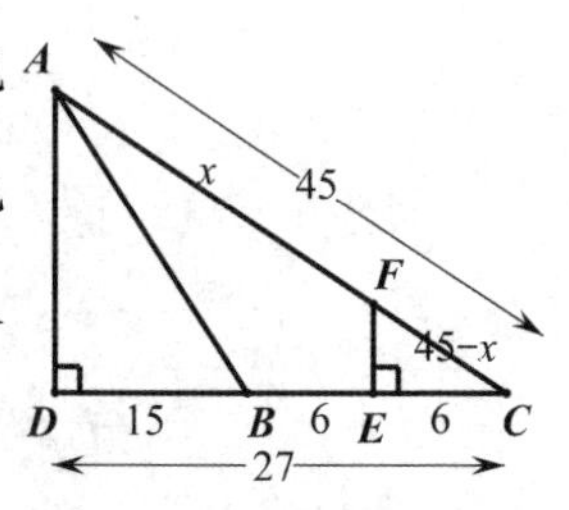

解　当$\angle B$是锐角时，$BC=15+27=42$，$BE=EC=42\div2=21$，$DE=21-15=6$。设$AF=x$，则$FC=45-x$。因$FE//AD$，故

$AF:FC=DE:EC$，即$x:45-x=6:21$。

解得　　$AF=x=10cm$，$FC=45-x=35cm$。

当$\angle B$是钝角时，$BC=27-15=12$，$BE=EC=12\div2=6$，$DE=15+6=21$。

如前得　　$x:45-x=21:6$。

解得　　$AF=x=35cm$，$FC=45-x=10cm$。

研究题十一

（1）在△ABC中，BC的平行线交AB、AC于D、E，$AB=12$，$AD=8$，$AE=10$，求AC。

（2）同前，已知$AB+AD=21$，$AC=16$，$AE=12$，求AD。

（3）同前，已知$AE:AC=\frac{3}{11}:0.6$，$BD=12$，求AB。

（4）延长梯形$ABCD$的两腰AB、DC相交于M，已知$AB=10dm$，$DC=15dm$，$BM=8dm$，求CM。

（5）同前，已知$AB:BM=17:9$，$DC-CM=1.6m$，求DC。

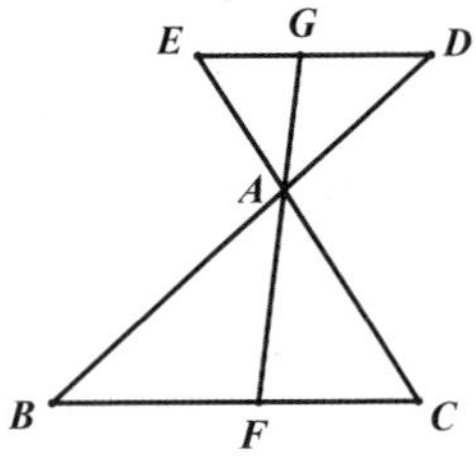

（6）DE平行于△ABC的一边BC，与其他两边BA、CA的延长线相交于D、E，又过A作一条直线，交BC、DE于F、G，已知$BA=5.4$，$CA=4.8$，$FA=4.5$，$AG=1.5$，求AD、AE。

E G D A B F C

（7）在梯形$ABCD$中，EF平行于底BC，交两腰AB、DC于E、F，已知$AE=4$，$EB=8$，$DC=9$，求DF、FC。

（8）$AB/\!/A'B'$，从一点O引三射线，在AB上截两线段$CD=8$、$DE=6$，在$A'B'$上截两条对应线段$C'D'$及$D'E'$，已知$C'D'=10$，求$D'E'$。

(9) 在$\triangle BDE$中，一直线AC交BD于A，交BE于C。若 (A) $BD:AD=11:8.5$, $BC=\frac{5}{17}CE$; (B) $BA=\frac{7}{13}BD$, $BC=2.8m$, $CE=2m$。求AC是否平行于DE。

提示　$BC=\frac{5}{17}CE$，即$BC:CE=5:17$，$5C+CE:CE=5+17:17$。

有关三角形角平分线的比例线段

“三角形一内角（或一外角）的平分线，内分（或外分*）对边所成二分的比，等于两邻边的比。”这定理在长度计算方面也很重要。

〔范例31〕设：在△ABC中，$AB=AC=10cm$，$BC=12cm$，∠B、∠C的平分线BD、CE相交于G。

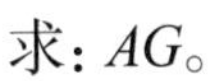
求：AG。

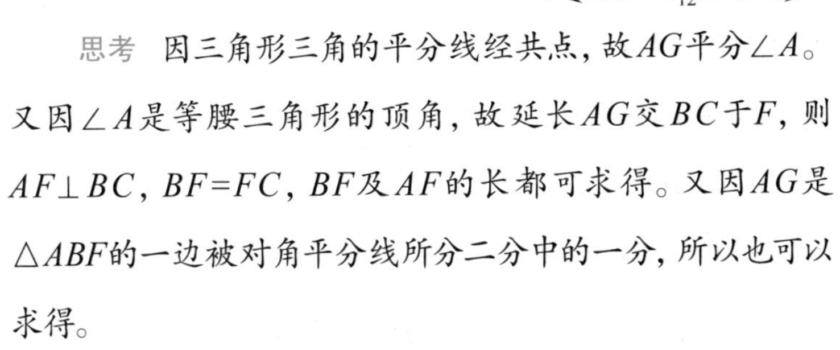
思考　因三角形三角的平分线经共点，故AG平分∠A。又因∠A是等腰三角形的顶角，故延长AG交BC于F，则$AF \perp BC$，$BF=FC$，BF及AF的长都可求得。又因AG是△ABF的一边被对角平分线所分二分中的一分，所以也可以求得。

---

*在一段的延长线上取一点，从这点到线段两端的距离，就是这条线段被这点外分所成的二分。参阅〔范例33〕即可明白。

解　延长AG交BC于F，因G是等腰$\triangle ABC$两底角平分线的交点，一定是内心，故AF平分顶角A，从而$AF\perp BC$，$BF=FC=12\div 2=6$。由勾股定理，得

$AF=\sqrt{10^2-6^2}=8$。

设$AG=x$，则$GF=8-x$，因BG平分$\triangle ABF$的$\angle B$，故

$x:3-x=10:6$。

解得　　$AG=x=5cm$。

〔范例32〕设：在$\triangle ABC$中，$\angle B$、$\angle C$的平分线BD、CE相交于O，$BC=a$，$CA=b$，$AB=c$。

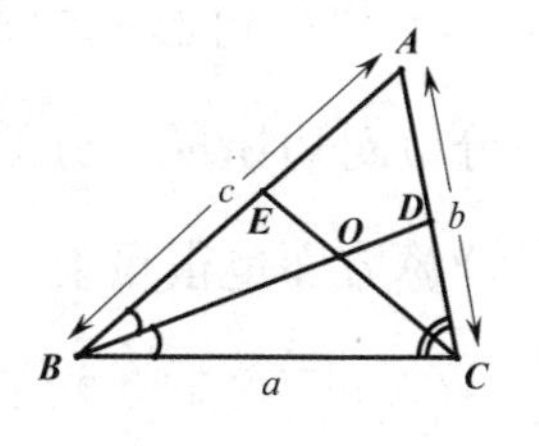

求：$OD:OB$。

思考　所求比的两项OD、OB是$\triangle BCD$中一角的平分线所分对边的二分，其比等于$CD:CB$。已知CB，只需先求CD即可。CD在$\triangle ABC$中是易于求得的。

解　在$\triangle ABC$中，因BD平分$\angle B$，故

$c:a=AD:DC$。

利用合比定理，得　　　$c+a:a=b:DC$。

$\therefore$　　　　　　　　$DC=\frac{ab}{c+a}$*。

---

*已知三角形的三边而求一角平分线所分对边的二分，照〔范例31〕用方程式解，或照本题用合比定理解都可以。

又在$\triangle BCD$中，因CO平分$\angle C$，故

$$OD:OB=DC:BC=\frac{ab}{c+a}:a=\frac{b}{c+a}。$$

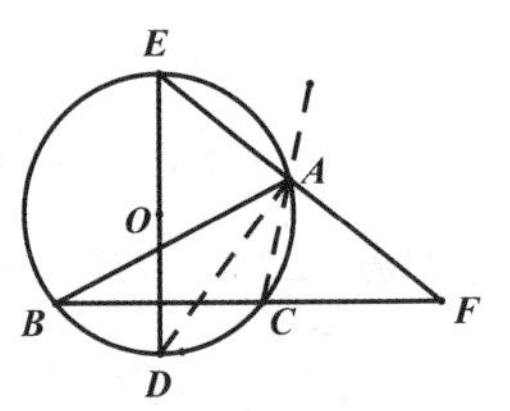

〔范例33〕设：$\triangle ABC$外接圆上$\overset{\frown}{BC}$的中点是D，过D作直径DOE，连EA，交BC的延长线于F。又$BC=36$，$CA=15$，$AB=39$。

求：BF及CF。

思考　因$\overset{\frown}{BD}=\overset{\frown}{DC}$，故$\angle BAD=\angle DAC$。又因$\angle DAE$是半圆所含的圆周角，等于90°，故$AE$平分$\angle A$的外角，所求的$BF$及$CF$就是$\triangle$外角平分线把对边外分所成的二分。

解　连AD，延长CA，则$\angle BAD=\angle DAC$，$\angle DAE=90°$，故AE平分$\angle A$的外角。由定理得

$BF:CF=AB:AC=39:15$。

利用分比定理，得　　　$BF-CF:CF=39-15:15$，

即　　　　　　　　　　$36:CF=24:15$，

$\therefore$　　　$CF=\frac{36\times15}{24}=22.5$，$BF=36+22.5=58.5$。

研究题十二

（1）在$\triangle ABC$中，$\angle B$的平分线交对边于D，$AB:BC=2:7$，$DC-AD=1m$，求AC。

（2）$\triangle ABC$三边的长各是$51mm$、$85mm$、$104mm$，在最长边BC上取一点O为圆心，作圆切于其他两边，求圆心所分最长边的二分。

提示　AO平分$\angle A$。

（3）等腰$\triangle ABC$的两腰AB、AC的长是$60cm$，内切圆心O分高AD所成二分的比$AO:OD=12:5$，求底边BC。

（4）等腰三角形腰长$39cm$，底是$30cm$，求内切圆的半径。

提示　先求高。

（5）在$\triangle ABC$中，AD平分$\angle A$，$DE/\!/BA$，$AB=15m$，$AC=10m$，求DE。

提示　$DE=AE$，$AE:EC=BD:DC=15:10$，可先求AE。

（6）在$\triangle ABC$中，$AB=BC=a$，$AC=b$，$\angle A$、$\angle C$的平分线各交对边于N、M，求MN。

提示　因$BM:MA$及$BN:NC$都等于$a:b$，故可决定$MN/\!/AC$。欲求MN，可先求MA。

(7) $Rt\triangle$的直角平分线分斜边成15cm和20cm的二分，求两直角边。

提示 设两直角边为x、y，列方程式$x:y=\cdots\cdots$，$x^2+y^2=\cdots\cdots$。

(8) 等腰直角三角形腰长为a，求底角平分线所分腰的二分。

(9) 三角形的两边各长45cm、20cm，夹角的平分线长24cm，求这平分线所分对边的二分。

提示 应用第97页的(i)式。

(10) 在$\triangle ABC$的BC边上取一点D，若(a) $AB=12$，$AC=15$，$CD=10$，$BD=8$；(b) $AB=\frac{5}{11}AC$，$BD=2$，$DC=4.5$，求AD是否平分$\angle A$。

相似形中的比例线段

在相似三角形和相似多角形中，下列几条定理是在计算题中常用的：

（1）相似三角形的对应边成比例。

（2）相似三角形的高的比等于底的比。

（3）相似多角形的对应边成比例。

（4）相似形的周长的比等于对应边的比。

〔范例34〕设：▱$ABCD$的内接菱形是$EFGH$，EF及$HG//AC$，EH及$FG//BD$，$BD=l$，$AC=m$。

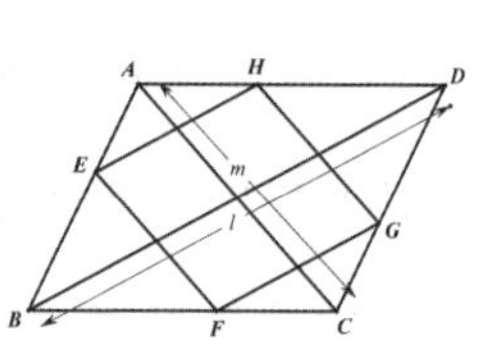

求：EF。

思考 设EF、EH……都等于x，易于发现图中有相似三角形多组，选择其中的两组，得比例式

$AE:AB=x:l$，$EB:AB=x:m$。

这两个公式的左边各线段是不难消去的。

解　设$EF=\cdots\cdots=EH=x$，因$EH/\!/BD$，故$\triangle AEH\backsim\triangle ABD$，得

$$AE:AB=x:l\cdots\cdots\cdots\cdots\text{(i)}。$$

同理，由$\triangle EBF\backsim\triangle ABC$，得　　$EB:AB=x:m$，

由分比定理，得　　$AB-EB:AB=m-x:m$，

即　　$AE:AB=m-x:m\cdots\cdots\text{(ii)}$。

比较(i)(ii)，得　　$x:l=m-x:m$。

解得　　$x=\dfrac{lm}{l+m}$。

〔范例35〕设：$\triangle ABC$的高$AH=10cm$，底$BC=30cm$，内接半圆的直径$DOE/\!/BC$，切BC于F。

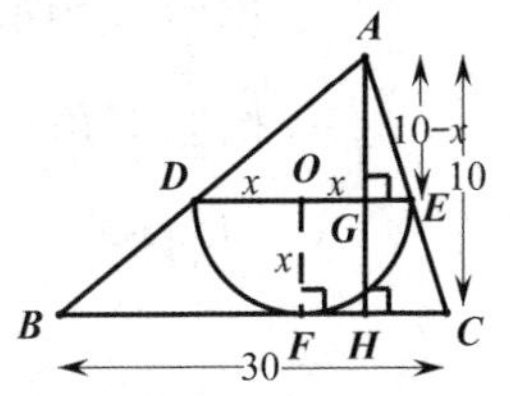

求：内接半圆的半径OD。

思考　易知$\triangle ADE\backsim\triangle ABC$，$\triangle ABC$的底及高都是已知数，$\triangle ADE$的底是所求半径的2倍，高是从10减去半径，故可由相似三角形底、高成比例的定理求得解答。

解　设$OD=OE=OF=x$，AH交DE于G，因$OF\perp BC$，故$GH=OF=x$，$AG=10-x$，又由$DE/\!/BC$，知$\triangle ADE\backsim\triangle ABC$，故

$$DE:BC=AG:AH,$$

即　　　　　$2x:30=10-x:10$。

解得　　　　$x=6cm$。

〔范例36〕设：四边形$ABCD$∽四边形$A'B'C'D'$，$a:b:c:d=1:\frac{1}{2}:\frac{2}{3}:2$，$A'B'C'D'$的周长是$75m$。

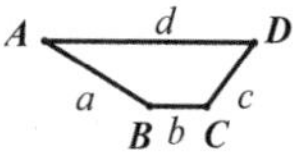

A d D
a c
B b C

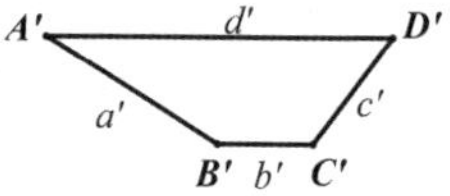

A′ d′ D′
a′ c′
B′ b′ C′

求：a'、b'、c'、d'。

解　设$a=k$，则$b=\frac{1}{2}k$，$c=\frac{2}{3}k$，$d=2k$，

四边形$ABCD$的周长是$k+\frac{1}{2}k+\frac{2}{3}k+2k=\frac{25}{6}k$。由定理知

$ABCD$的周长：$A'B'C'D'$的周长$=a:a'$，

即　　　　　$\frac{25}{6}k:75=k:a'$。

解得　　　　$a'=18m$。

同法可得　　$b'=9m$，$c'=12m$，$d'=36m$。

研究题十三

(1) 在梯形$ABCD$中，$AD//BC$，AC、BD相交于O，$AO=8cm$，$OC=10cm$，$BD=27cm$，BO及OD。

(2) 在$\triangle ABC$中，$BC=a$，$CA=b$，$AB=c$，AC的平行线交AB、BC于M、N，$AM=BN$，求MN。

提示 先用平行线所分的比例线段求AM、BN。

(3) $\triangle ABC$同它的内接菱形$ADEF$的$\angle A$公共，E在BC上，$AC=b$，$AB=c$，求菱形的边长。

(4) 相离两圆的半径各是R、r，中心距离是d，外公切线的延长线或内公切线交中心线于一点，求这点与小圆(半径是R的)中心的距离。

(5) BD是$\triangle ABC$的高，AE是$\angle A$的平分线，引$EF\perp AC$，已知$BD=30cm$，$AB:AC=7:8$，求EF。

提示 $DF:FC=BE:EC=7:8$，故$DC:FC=7+8:8$。

(6) 平行四边形的两邻边各长$20dm$、$16dm$，两条长边间的距离是$8dm$，求两条短边间的距离。

(7) 在▱$ABCD$中，过对角线的交点O作$OE\perp BC$，与AB的延长线交于F，已知$AB=a$，$BC=b$，$BF=c$，求BE。

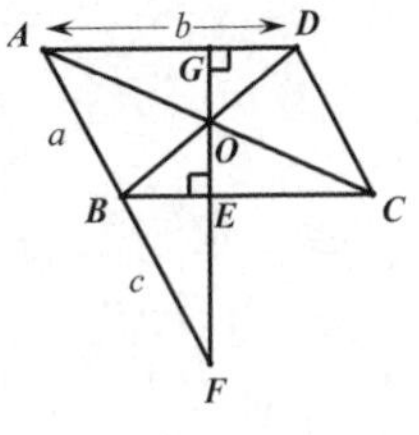

A b D G a O B E C c F

提示 延长FO交AD于G，设$BE=x$，则$AG=b-x$。

（8）在▱$ABCD$的对角线AC上取E点，使$AE:EC=m:n$，延长DE，交AB的延长线于F，若$AB=a$，求BF。

（9）⊙O的半径是r，过弦AB的一端A引切线AC，从B引$BC\perp AC$，若$BC=x$，求AB。

提示 作半径OA，作$OD\perp AB$。

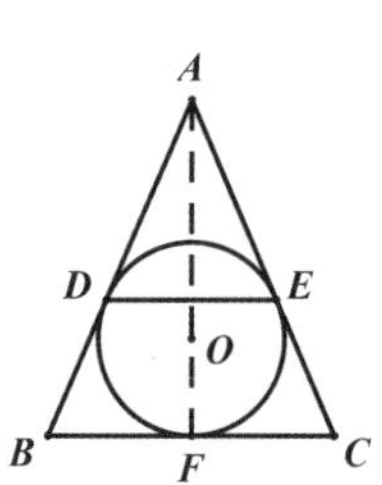

（10）等腰三角形两腰的长是10cm，底边是6cm，求内切圆在两腰上的两切点的距离。

提示 顶角的顶点、内切圆心与底边上的切点共线，可证$DE/\!/BC$。

（11）扇形的弧所对的弦长是a，内切圆的半径是r，求扇形的半径。

提示 O、P、C共线，可用代数式表示OA及OP。

（12）圆的半径$OC\perp$直径AOB，$OC=r$，中点是D，连AD，延长交圆周于E，求AE。

提示 $AD=\sqrt{r^2+\left(\frac{1}{2}r\right)^2}$，$\angle AEB=90°$。

（13）菱形的两对角线各长14cm、48cm，求它的高。

提示 先求AB，$\triangle ABO\backsim\triangle DBE$。

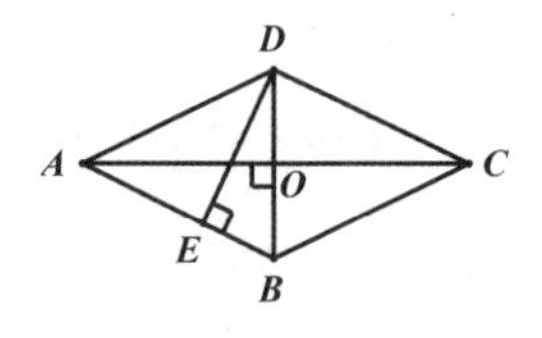

（14）直角梯形的两底$AD=17$，$BC=25$，斜腰$AB=10$，AB的垂直平分线EF与DC的延线相交于F，求EF。

提示　作高AH，中线EG，可证$\angle B=\angle F$，$Rt\triangle ABH\backsim Rt\triangle EFG$。

（15）在$\triangle ABC$中，$BC=13$，$CA=14$，$AB=15$，$\angle B$的平分线DB延长，与从C所引AC的垂线相交于E，求CE。

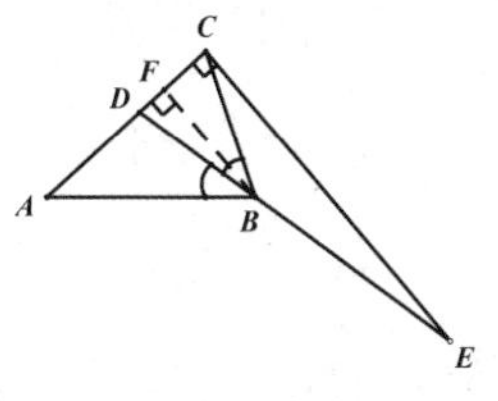

提示　作$BF\perp AC$，先求FC、DC及BF。

（16）三角形内接平行四边形的一边在三角形的底边上，两对角线平行于两腰，已知底边长45，两腰各长39、48，求平行四边形的各边。

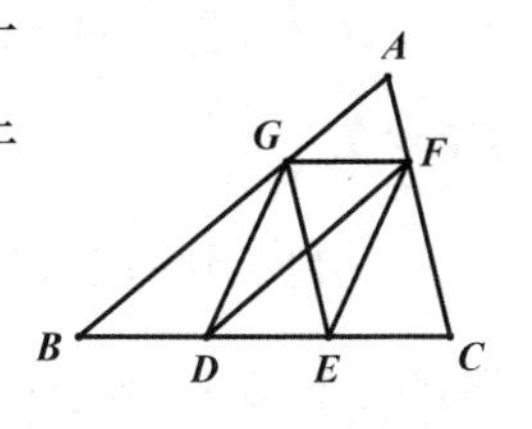

提示　因$BD=GF=EC$，又$GF=DE$，故可先求DE，然后再利用$\triangle ABC\backsim\triangle FDC$等。

（17）在梯形$ABCD$中，短对角线BD垂直于两底AD、BC，$\angle A+\angle C=90°$，$AD=a$，$BC=b$，求AB、DC。

提示　先由相似三角形求BD。

（18）三角形的底是a，高是h，求内接正方形（一边在底上）的边长。

（19）三角形的底是48cm，高是16cm，内接矩形两邻边的比是5∶9，长边在三角形的底上，求矩形的两邻边。

（20）梯形$ABCD$的两底$AD=8cm$，$BC=12cm$，高$AG=3cm$，在AG上取$AH=1cm$，过H作底的平行线，交两腰于E、F，求EF。

提示 作$AK/\!/DC$。

（21）两个相似多角形的一组对应边各长35m、14m，周长相差60m，求各形的周长。

（22）▱$ABCD$的两邻边$AB=a$，$BC=b$，作AB的平行线，交BC、AD于E、F，使▱$BEFA$∽▱$ABCD$，求BE。

直角三角形中的比例线段

在直角三角形中，斜边上的高分原图形成两个相似直角三角形，而且它们各和原三角形相似。从这三个相似直角三角形中的任两个图形，根据对应边成比例的定理，可得许多比例式。其中在计算题里常用的是下列两条：

（1）斜边上的高是斜边上被高所分两线段的比例中项。

（2）任何一条直角边，是这边在斜边上的射影和斜边的比例中项。

我们用勾、股、弦顺次表示直角三角形中从最短到最长的三条边，仍由相似形得下式，有时也可以应用。

（3）弦：勾（或股）=股（或勾）：高。

又从（2）可推得如下的重要定理。

（4）两条直角边的平方的比，等于它们在斜边上的射影的比。

〔范例37〕设：等腰梯形$ABCD$外切于⊙O，两底$AD=36cm$，$BC=100cm$。

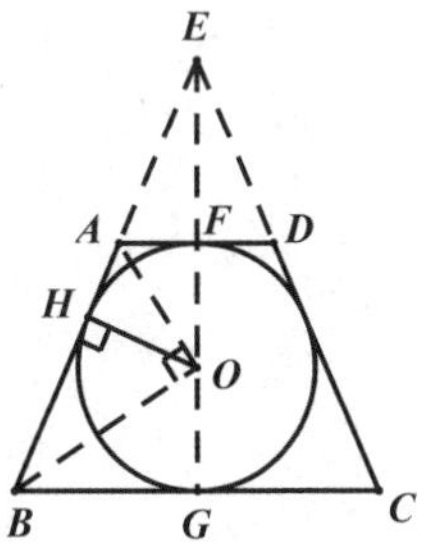

求：内切圆的半径。

思考　内切圆在两底上的切点必平分两底，故AF、BG都是已知数。又AH、BH各等于AF、BG，也是已知数。因AO、BO平分$\angle A$、$\angle B$，而$\angle A$、$\angle B$相补，故$\angle AOB=90°$，OH是$RT\triangle$斜边上的高，可以求它的长。

解　延长BA、CD相交于E，因$\angle B=\angle C$（等腰梯形的底角），故$\triangle EBC$是等腰三角形，作$\angle E$的平分线，交AD、BC于F、G，该线必过O，且垂直平分AD、BC，故F、G都是切点，且$AF=36\div2=18$，$BG=100\div2=50$。若AB切⊙O于H，则$AH=AF=18$，$BH=BG=50$。又因AO、BO是$\angle A$、$\angle B$的平分线，而这两角是平行线的同位内角，故一定相补，所以$\angle AOB=180°-\angle OAB-\angle OBA=180°-\frac{1}{2}(\angle A+\angle B)=90°$。但$OH\perp AB$，故

$$AH:OH=OH:BH，即18:OH=OH:50。$$

$$\therefore\quad OH=\sqrt{18\times50}=30cm。$$

〔范例38〕设：在$\triangle ABC$中，$BC=39$，$CA=42$，$AB=45$，从C作CA的垂线，交AB的延长线于D。

求：BD及CD。

思考 若能求得AD，则减去AB就得所求的BD；解$Rt\triangle ADC$就得所求的CD。欲求AD，就$Rt\triangle ADC$观察，知必先求一已知直角边AC在斜边上的射影AE，这AB在已知三边的$\triangle ABC$中是很易求得的。

解 在$\triangle ABC$中，因BC是最短边，$\angle A$是锐角。作$CE\perp AB$，由定理得

$$39^2=42^2+45^2-2\cdot 45\cdot AE。$$

解得 $AE=25.2$。

在$Rt\triangle ADC$中，AE是一直角边AC在斜边AD上的射影，故

$$AE:AC=AC:AD，即25.2:42=42:AD。$$

∴ $AD=\frac{42\times 42}{25.2}=70$。

于是可得 $BD=70-45=25$，$CD=\sqrt{70^2-42^2}=56$。

〔范例39〕设：$Rt\triangle ABC$斜边上的高是CD，$AD=m$，$DB=n$。

求：AC及BC。

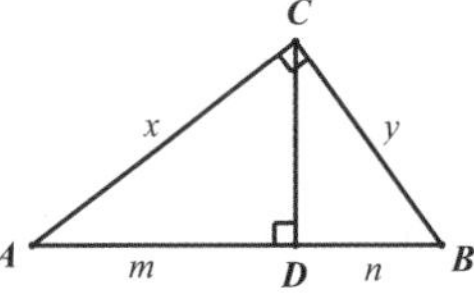

思考 研究所求的两直角边与已知两线段间的关系，知道由比例线段定理和勾股定理，可列两

个方程式。

解　设$AC=x$，$BC=y$，则得联立方程式

$$\begin{cases} x^2 : y^2 = m : n \cdots\cdots(\text{i}) \\ x^2 + y^2 = (m+n)^2 \cdots\cdots(\text{ii}) \end{cases}$$

用合比定理化(i)式为

$$x^2+y^2 : x^2 = m+n : m，\text{或} x^2+y^2 : y^2 = m+n : n。$$

以(ii)代入，得　$(m+n)^2 : x^2 = m+n : m$，

或$(m+n)^2 : y^2 = m+n : n$。

$$\therefore \quad x=\sqrt{m(m+n)}，y=\sqrt{n(m+n)}。$$

研究题十四

(1) 从直径AB的一端A引弦AD，延长交过B的切线于C，已知$AD=32m$，$DC=18m$，求圆的半径。

(2) $Rt\triangle ABC$斜边上的高是CD，引$DE\perp AC$，$DF\perp BC$，已知$AC=75cm$，$BC=100cm$，求DE、DF。

提示　求AB后有各种不同的解法，其中最简捷的，是由本部分开首所举(3)的公式求CD，再由$\triangle CDE\backsim\triangle ABC$即可求$DE$。

(3) 以直角三角形斜边上的高为直径作圆，在两直角边上截得两弦各长$12cm$、$18cm$，求两直角边。

(4) 圆的半径是r，外切等腰梯形两底的比是$m:n$，求该梯形的各边。

提示　参阅〔范例37〕的圆，由假设可推知$AH:BH=m:n$，设$AH=mx$，则$BH=nx$，$mx:r=r:nx$。

(5) $Rt\triangle ABC$斜边上的高是CD，从内切圆的圆心O作$OE\perp CD$，已知$BC=15cm$，$AC=20cm$，求OE。

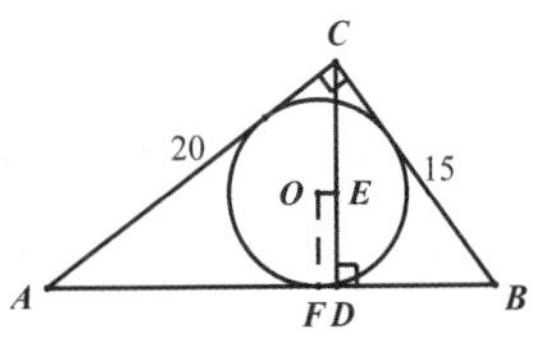

提示　若⊙O切AB于F，则求得AB后可由第97–98页的公式(4)求AF，再由本部分的公式求AD。

（6）等腰△ABC的顶角B是钝角，$AB=BC=20mm$，$AC=32mm$，从B作BC的垂线交AC于D，求AD、DC。

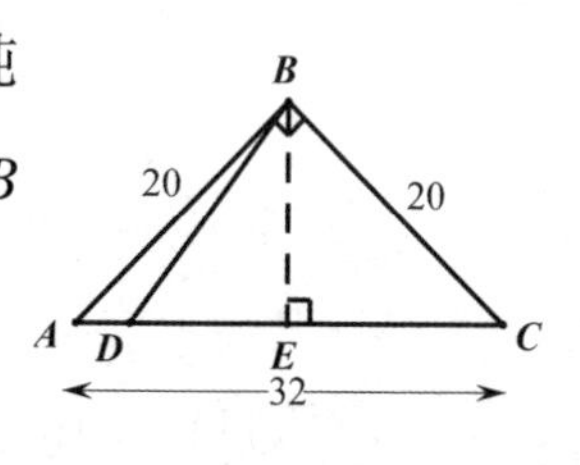

提示 作高BE，则$EC=16$。

（7）以直角三角形的直角顶点为圆心，短的直角边为半径作圆，截斜边为两部分，在圆内的长为98cm，圆外的长为527cm，求两直角边。

（8）$Rt\triangle ABC$的两条直角边$AC=15$，$BC=20$，在斜边AB上取D点，使$AD=4$，求CD。

（9）$Rt\triangle ABC$的两直角边$AC=24$，$BC=7$，在斜边AB的延长线上取D点，使$BD=7$，求CD。

（10）等腰三角形腰长5m，底长6m，试不用“求三角形外接圆半径”的公式，计算外接圆的半径。

（11）$Rt\triangle ABC$的两直角边$AC=15$，$BC=20$，CD是斜边上的高，CE、CF各平分$\angle ACD\angle BCD$，求EF。

提示 在△ABC中求AD及BD，在△ACD、△BCD中各求DE、DF。

（12）$Rt\triangle ABC$的斜边$AB=10cm$，一直角边$BC=6cm$，$\angle B$及其外角的平分线各交AC及其延长线于D、E，求DE。

提示 在$Rt\triangle ABC$中求DC，在$Rt\triangle BDE$中求CE。

（13）$Rt\triangle ABC$的两直角边$BC=15$，$AC=20$，CD是斜边

上的高，CE平分$\angle C$，求AF、ED、DB。

（14）在$Rt\triangle ABC$，两直角边的比$BC:AC=3:7$，斜边上的高$CD=42cm$，求BD、DA。

提示 $BD:DA=9:49$，$BD:CD=CD:DA$。

（15）在$Rt\triangle ABC$中，两直角边的比$BC:AC=5:4$，斜边上的高是CD，从D引$DE/\!/BC$，交AC于E，求$CE:EA$。

（16）$Rt\triangle ABC$的直角平分线CD交斜边于D，$AD:DB=7:9$，作高CE，求$AE:EB$。

圆中的比例线段

圆中的各线段的比例关系，通常都用等积关系表示，在计算题中常用的是下列三条：

(1)两弦相交，则一弦上被交点所分二分的积，等于另一弦上二分的积。

(2)从圆外一点引两条割线，则一条割线与其圆外线段的积等于另一条割线与其圆外线段的积。

(3)从圆外一点引一切线及一割线，则切线的平方等于割线与其圆外线段的积。

〔范例40〕设：弓形ACB的弧是120°，高CD是h，内接矩形$EFGH$的长边EF在弓形弦上，EF=4FG。

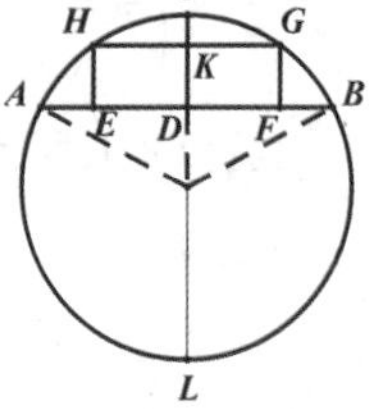

求：FG。

C H G K A B E D F L

思考略。

解　设弓形弧所在圆的中心是O，因CD是AB的垂直平分线，故其延长线必过O。连AO、

BO，则$\angle AOB=120°$，CO平分$\angle AOB$，在$Rt\triangle AOD$中，$\angle AOD=60°$，故$AC=2DO$，又$AO=CO$，故$CO=2DO$，$DO=CD=h$。延长CO交圆于L，则$OL=CO=2h$，$DL=3h$。设$FG=x$，HG交CL于K，则$DK=x$，$HG=4x$，$HK=KG=2x$，$CK=h-x$，$KL=3h+x$。由圆中的比例线段定理，得

$HK\times KG=CK\times KL$，即$(2x)^2=(h-x)(3h+x)$。

解得　　$x=\frac{3}{5}h$。

〔范例41〕设：圆的半径$OB=7cm$，在OB的延长线上取一点A，使$AB=2cm$，从A引割线ACD，$AC=CD$。

求：AD。

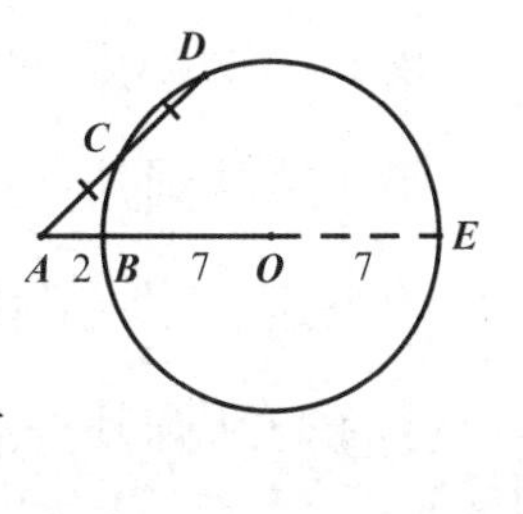

思考　如果延长AO到圆周上的E，则割线AE与其圆外线段都是已知数，另一割线AD是其圆外线段的2倍，可列方程式求AD。

解　设$AD=c$，$AC=\frac{1}{2}c$，延长AO交圆周于E，则$OE=7$，$AE=2+7+7=16$。由定理得

$AD\times AC=AE\times AB$，即$x\times\frac{1}{2}x=16\times 2$。

解得　　$x=8CM$。

〔范例42〕设：从圆外一点A引切线AB及割线ACD，

$AB=a$, $AC:CD=m:n$。

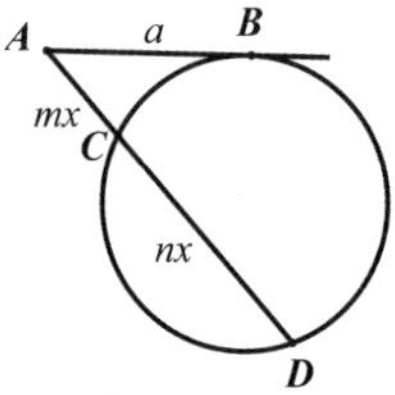

求：AD。

解 设$AC=mx$，则$CD=nx$，$AD=(m+n)x$，由定理得

$AD\times AC=\overline{AB}^2$，即$(m+n)x\cdot mx=a^2$。

解得 $x=\frac{a}{\sqrt{m(m+n)}}$。

∴ $AD=(m+n)\cdot\frac{a}{\sqrt{m(m+n)}}=A\sqrt{\frac{m+n}{m}}$。

研究题十五

(1) 两弦相交，一弦被交点分成12cm及16cm的两部分，另一弦长32cm，求该弦长被交点所分的二分。

(2) 两弦相交，被交点所分，一弦上的二分各长12dm、18dm，另一弦上二分的比是3∶8，求该弦的全长。

(3) 在两个同心圆中，大圆的弦CD切大圆于B，小圆的半径OB延长交大圆于A，AB=8cm，CD=4dm，求两圆的半径。

(4) 等腰三角形底与高的和等于外接圆的直径d，求它的高。

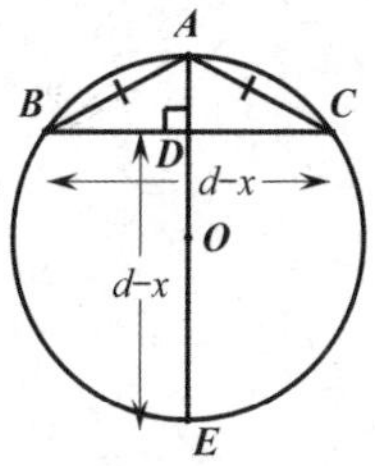

提示　设高$AD=x$，则底$BC=d-x$，AD延长交圆于E，AE必过圆心。

(5) 从圆外一点M引两割线MAB、MCD，已知$AB=MC$，MA=20cm，CD=11cm，求AB。

(6) 延长两弦AB、CD相交于E，$AB=a$，$CD=b$，BE∶$DE=m$∶n，求BE、DE。

(7) 从圆外一A点引切线AB、割线ACD，AC比AB短5cm，CD比AB长5cm，求AB。

(8) 从直径AOB的延长线上的一点C引圆的切线CD，AC=5m，CD=2m，求圆的半径。

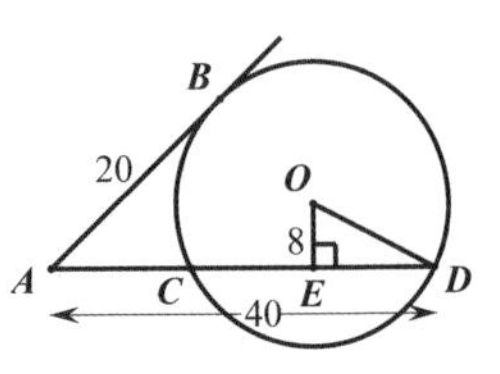

(9) 从圆外一点A所引的一切线$AB=20cm$，一割线$ACD=40cm$，圆心O与ACD的距离$OE=8cm$，求圆的半径。

提示　先求AC，再求CD，折CD一半得ED。

(10) 从圆外一点A所引的一切线$AB=4cm$，一割线$ACD=8cm$，圆心O与ACD的距离$OE=12cm$，求OA。

正多角形的边和其他线段

几种特殊的正多角形，都可从外接圆的半径（即顶心距，以R表示）求它的边长，或由边长而求外接圆的半径。如果换了内切圆的半径（即边心距，以r表示），也可以和边长互求。这些问题的解法都很简单，只须利用特殊锐角（30°，45°）的直角三角形各边间的关系即可。现在列举公式如下：

（1）正六角形的边长$S_6=R\sqrt{1}$*$=2r\frac{1}{\sqrt{3}}$。

（2）正四角形的边长$S_4=R\sqrt{2}=2r$。

（3）正三角形的边长$S_3=R\sqrt{3}=2r\sqrt{3}$。

还有正十角形及正五角形的边长，也可从已知的外接圆半径求出来，但计算比较复杂。下面所举公式，并加以证明：

（4）正十角形的边长$S_{10}=\frac{1}{2}R(\sqrt{5}-1)$。

---

*其实$R\sqrt{1}$就是R，现在写成这种特别的形式，可以同它后面的两式比较，整齐而便于记忆。

(5)正五角形的边长$S_5=\frac{1}{2}R\sqrt{10-2\sqrt{5}}$。

证：若AB是$\odot O$的内接正五角形的一边（以S_5表示），C是$\overset{\frown}{AB}$的中点，则AC是内接正十角形的一边（以S_{10}表示）。作$\angle OAC$的平分线，交半径OC于D，因

$$\angle C=36°，\angle OAC=\angle OCA=72°，$$

故 $\angle OAD=36°，\angle ADC=\angle O+\angle OAD=72°，$

于是 $\angle O=\angle OAD，\angle OCA=\angle ADC$。

由等腰三角形定理，得 $OD=AD=AC$。

又因 $\triangle OAC\backsim\triangle ACD，$

故 $OA:AC=AC:CD，$

即 $R:S_{10}=S_{10}:R-S_{10}，$

$$S_{10}{}^2+RS_{10}-R^2=0，$$

$\therefore$ $S_{10}=\frac{-R+\sqrt{R^2+4R^2}}{2}=\frac{1}{2}R(\sqrt{5}-1)$。

又因OC垂直平分AB于E，$\angle O$是锐角，故由锐角三角形定理，得

$$\overline{AC}^2=\overline{OA}^2+\overline{OC}^2-2\times OC\times OE，$$

即 $\frac{1}{4}R^2(\sqrt{5}-1)^2=2R^2-2R\times OE，$

$\therefore$ $OE=\frac{1}{4}R(\sqrt{5}-1)$。

再根据勾股定理，得

$$AE=\sqrt{\overline{OA}^2-\overline{OE}^2}=\sqrt{R^2\left[\frac{1}{4}R\left(\sqrt{5}+1\right)\right]^2}=\frac{1}{4}R\sqrt{10-2\sqrt{5}}。$$

$$\therefore \qquad S_5=AB=2\times AE=\frac{1}{2}R\sqrt{10-2\sqrt{5}}。$$

又若已知任何正多角形的边长，可求内接于同圆而边数加倍的另一正多角形的边长；或求外切于圆而边数相同的正多角形的边长，下面举出它们的公式和证明。

(6) 若N边正多角形的边长是S_n，则内接于同圆（半径为R）的$2n$边正多角形的边长为

$$S_{2n}=\sqrt{2R^2-R\sqrt{4R^2-S_n^2}}\,^*。$$

证：若AB是$\odot O$内接正n角形的一

边，即等于S_n，C是$\overparen{AB}$的中点，则AC

是内接正$2n$角形的一边，等于S_{2n}。因CO必平分AB于D，故

$AD=\frac{1}{2}S_n$。由勾股定理，可得

$$OD=\sqrt{\overline{AO}^2-\overline{AD}^2}=\sqrt{R^2-\frac{1}{4}S_n^2}=\frac{1}{2}\sqrt{4R^2-S_n^2}。$$

又因$\angle AOC$常为锐角（n等于最小值3时，$\angle AOC$等于最大值60°），由锐角三角形定理，得

$$\overline{AC}^2=\overline{AO}^2+\overline{CO}^2-2\times CO\times OD。$$

以已知数代入，开平方，就得上面举的公式。

(7) 若圆的半径是R，内接正n角形的边长是a_n，则外切正n角形的边长为：

$$b_n=\frac{2a_nR}{\sqrt{4R^2-a_n^2}}。$$

---

*这公式简称“正多角形的倍边公式”。

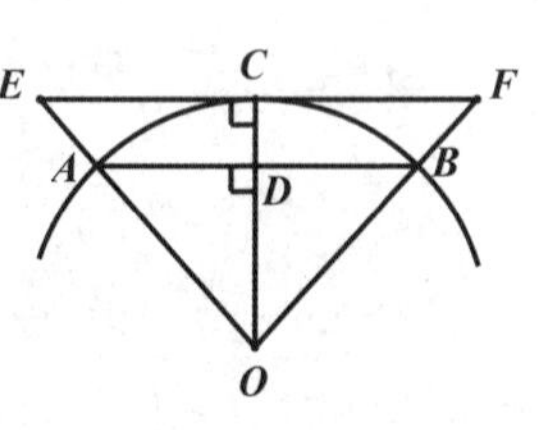

证：若AB是⊙O内接正N角形的一边，即等于a_n，C是$\overset{\frown}{AB}$的中点，过C的切线交OA、OB的延长线于E、F，则EF是外切正n角形的一边，等于b_n。同前，可得

$AD=\frac{1}{2}a_n$，$OD=\frac{1}{2}\sqrt{4R^2-a_n^2}$。

又因$\triangle OEC\backsim\triangle OAD$，故

$EC:AD=OC:OD$，$EC=\frac{AD\times OC}{OD}$。

以已知数代入，再加倍，就得上面举的公式。

〔范例43〕已知外接圆半径，求正十二角形各对角线。

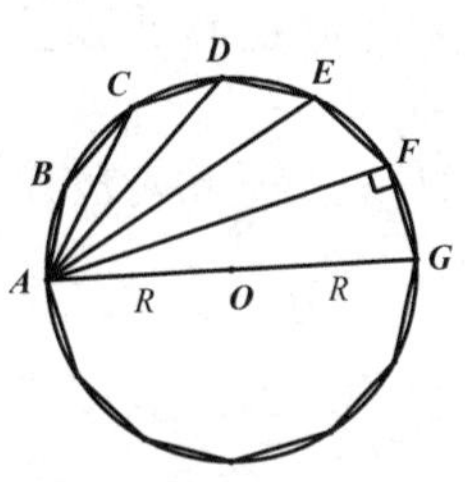

设：⊙O的半径是R，内接正十二角形是$ABCDEFG$……

求：对角线AC、AD、AE、AF、AG。

解 AC是圆内接正六角形的边，故

$$AC=R。$$

AD是圆内接正四角形的边，故$AD=R\sqrt{2}$。

AE是圆内接正三角形的边，故$AE=R\sqrt{3}$。

AG是圆的直径，故$AG=2R$。

又因内接正六角形的边长是R，由正多角形的倍边公式，

可得内接正十二角形的一边：

$$FG=\sqrt{2R^2-R\sqrt{4R^2-\sqrt{3}}}=R\sqrt{2+\sqrt{3}}\text{。}$$

已知$\angle AFG=90°$，故由勾股定理，得

$$AF=\sqrt{(2R)^2-\left(R\sqrt{2-\sqrt{3}}\right)^2}=R\sqrt{2+\sqrt{3}}\text{。}$$

〔范例44〕已知圆的半径，求内接正三角形的内切圆的内接正方形边长。

设：⊙O的半径是R，内接正三角形ABC的内切圆DEF的内接正方形是$FGHK$。

求：FG。

解　由公式，知正三角形ABC的边$BC=R\sqrt{3}$，⊙DEF的半径$R=\frac{BC}{2\sqrt{3}}=\frac{R\sqrt{3}}{2\sqrt{3}}=-R$。

$\therefore$ 正方形$FGHK$的边$FG=\frac{1}{2}R\sqrt{2}$。

〔范例45〕已知圆的半径，求内接正八角星形的边长。

设：⊙O的半径是R，内接正八角星形$ABCD$……的一边是AL。

求：AL。

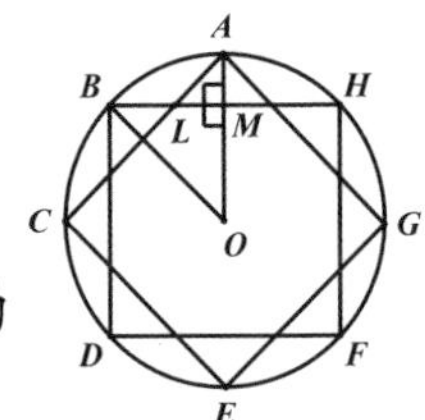

解　设AO交BH于M，因A是$\overset{\frown}{BH}$的中点，故$AO\perp BH$。又因$\overset{\frown}{AB}=\frac{1}{8}$圆周，

故$\angle AOB=45°$，$OM=\frac{BO}{\sqrt{2}}=\frac{1}{2}R\sqrt{2}$，$AM=R-\frac{1}{2}R\sqrt{2}$。又因$\angle MAL=\frac{1}{2}\angle A=45°$，故

$$AL=AM\times\sqrt{2}=(R-\frac{1}{2}R\sqrt{\ })\times\sqrt{2}=R(\sqrt{2}-1)。$$

研究题十六

(1) 圆的半径是R，求内接正八角形及外切正八角形的边长。

(2) 正三、四、六、八角形的边心距是k，求外接圆的半径。

(3) 正八角形及正十二角形的边长是a，求外接圆的半径。

(4) 正三角形外接圆半径与内切圆半径的差是d，求边长。

(5) 已知外接圆的半径是R，求正八角形各对角线。

(6) 已知正八角形的边长是a，求各对角线。

提示 先求外接圆的半径。

(7) 已知正十二角形的边长是a，求各对角线。

(8) 求正三角形外接圆的外切正方形的外接圆半径。

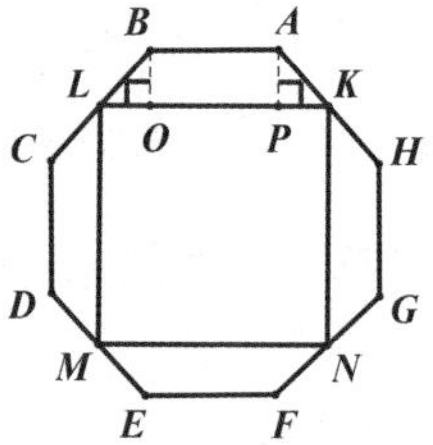

(9) 已知圆的半径是R，求内接六角星形的边长。

(10) 正八角形的边长是a，连接相间四边的中点，成一正方形，求它的边长。

提示 先求LQ及PK。

（11）正十二角形的边长是a，连接相间六边的中点，成一正六角形，求它的边长。

（12）正三角形外接圆的半径是4dm，在正三角形的边上作一正方形，求该正方形外接圆的半径。

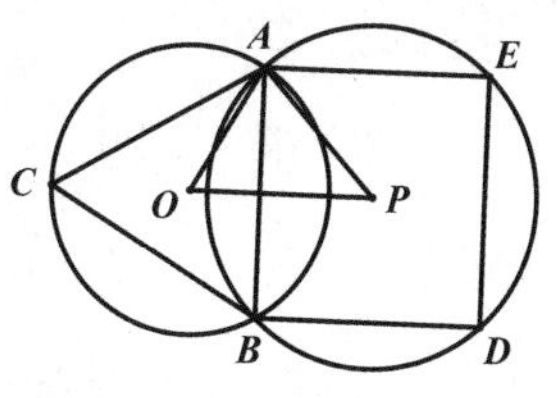

（13）相交两圆的中心在公弦的两侧，公弦的长是a，它在一圆中是内接正三角形的边，在另一圆中是内接正方形的边，求两圆心的距离。

提示 所求的距离是两个边心距的和。

（14）在正三角形的各边AB、BC、CA上取AA'、BB'、CC'各等于边长的$\frac{1}{3}$，已知$\triangle ABC$各边的长是a，求$\triangle A'B'C'$内切圆的半径。

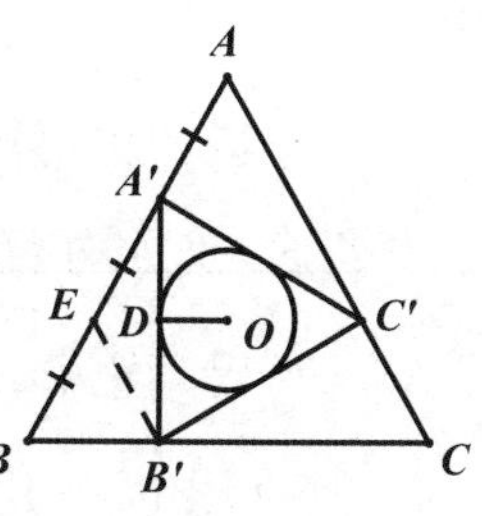

提示 先证$\angle A'B'B=90°$。

（15）圆的半径是R，试计算内接正五角形与内接正十角形边长平方的差。

注意：本题的答案是R^2，从此可得出一条定理：“圆的内接正十角形边长的平方加半径的平方，等于内接正五角形边长的平方”，若不用边长的公式而要证明这一条定理，手续很繁，可参阅《几何作图》最后一部分的注释。

圆周和弧长

圆周的长是直径的3.1416倍，这是同学们都知道的。倍数3.1416叫作圆周率，是一个近似值，在中国很古的时候就被发现。南北朝时，我国伟大的科学家祖冲之还算到小数七位，得3.1415926+。我们若用π来代表这一数值，再用R代表半径，d代表直径，那么可得求圆周及弧长的两个公式：

（1）圆周$C=\pi d=2\pi r$。

（2）圆心角$n°$ 的弧长$a=\frac{n}{360}\cdot\pi d=\frac{n}{360}\cdot 2\pi r$。

这两个公式很有用，下面举几个例子。

〔范例46〕设：两个同心圆间的距离是$6mm$，外圆周长是$22cm$。

求：内圆周长。

思考 从外圆周长可求外圆半径，该半径与$6mm$的差是内圆半径，于是可求内圆周长。

解 设外圆半径是x，则

$2\pi x=220$，$x=\frac{110}{\pi}$。

因两圆半径的差是6，故内圆半径是$\frac{110}{\pi}-6$，内圆周长是

$2\pi(\frac{110}{\pi}-6)=220-12\pi\approx182.3mm$。

〔范例47〕求：与圆的内接正方形一边等长的弧度。

思考 因为弧的度数等于所对圆心角的度数，所以只须算出内接正方形的边长，作为弧长，代入弧长的公式，求N的数值即可。

解 设圆的半径是R，则内接正方形的边长是$R\sqrt{2}$，该数就是弧长，代入公式，得

$r\sqrt{2}=\frac{n}{360}\cdot2\pi r$。

解得 $n=\frac{180\sqrt{2}}{\pi}\approx81$。

即与圆的内接正方形一边等长的弧为81°。

研究题十七

(1) 圆的半是15cm，求圆周。

(2) 圆周长100cm，求半径。

(3) 圆周大于直径107cm，求圆的半径。

(4) 圆的半径增加1，圆周增加多少？

(5) 圆周大于内接正六角形的圆7cm，求圆周。

(6) 半径是R，求圆心角$24°\ 30'$所对的弧长。

(7) 弧长l，所对的圆心角是135°，求圆的半径。

(8) 半径12cm，弧长45mm，求圆心角。

(9) 半径5cm的圆上一弧的长等于半径2cm的圆周，求这弧所对的圆心角。

(10) 在半径4cm的圆中，圆心角120°所对的弧长等于另一圆周，求后圆的半径。

(11) 一圆的圆心角是300°，它所对的弧长等于半径6cm的圆周，求这弧的半径。

(12) 一圆上的弧长等于这圆的半径，求这弧所对的圆心角。

(13) 弧的度数是60°、90°、120°，所对的弦长是a，求弧的长。

（14）含120° 角的扇形，弧长是l，求内切于这扇形的圆周长。

提示　先求扇形半径r，再由$r-x:x=2:\sqrt{3}$求内切圆半径x。

（15）直角三角形的两条直角边各等于一圆的直径的$\frac{6}{5}$、$\frac{3}{5}$，求这三角形的周长与圆周长的差。

提示　设圆的直径是d，计算三角形及圆的周长。

（16）过直径AOB的一端A引内接正六角形的边AC及切线MN，又从O引AC的垂线，延长交MN于D，从D经过A点在MN上截取DE，使$DE=3AO$，再连BE。如果取线段BE的长作为半圆周长，尝试计算它的误差。

提示　设$AC=r$，则$DA=\frac{1}{3}r\sqrt{3}$，$AE=r\left(3-\frac{1}{3}\sqrt{3}\right)$，$BE=r\sqrt{2^2+\left(3-\frac{1}{3}\sqrt{3}\right)^2}$。

四　面积的计算

平行四边形的面积

几何学在人类实际生活上的应用，除前述的几种计算外，还有一种更重要的计算，就是求面积。从几何学的产生和发展来看，古代人民为了在农业生产上计算田地的大小，很早就发明了面积的算法。在埃及，大家都知道，尼罗河每年定期泛滥，在水退后必须重新丈量土地，所以他们对于面积的算法知道得最早。在中国汉朝人的书中，记载了周代的“九数”里有一种名叫“方田”，也是计算田地面积的方法。

在理论几何学上，关于各种直线图形的面积定理，都是从本书第27页所举的“比例定理三”推广出来的。教科书里都有它们的证明，这里不必再述。现在先把各种平行四边形的求积定理译成公式，列举出来（用S表面积），并列举应用的例子。

（1）矩形或平行四边形的底是b，高是h，则$S=bh$。

（2）正方形的每条边是a，则$S=a^2$。

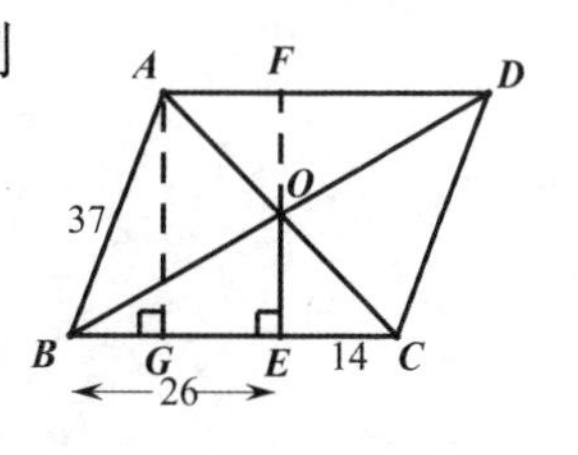

（3）菱形的两对角线是d及d'，则$S=\frac{1}{2}dd'$*。

〔范例48〕设：▱$ABCD$的两对角线相交于O，作$OE \perp BC$，$AB=37cm$，$BE=26cm$，$EC=14cm$。

求：▱$ABCD$的面积。

思考 欲求▱$ABCD$的面积，已知底长40，必须求高AG。延长EO交AD于F，则$GE=AF=EC=14$，此可求BG，于是在$Rt\triangle ABG$中可求AG。

解 作$AG \perp BC$，延长EO交AD于F。因$AGEF$是矩形，$\triangle OAF \cong \triangle OCE$，故$GE=AF=EC=14$，$BG=26-14=12$。由勾股定理，得

$AG=\sqrt{37^2-12^2}=35$。

$\therefore$ ▱$ABCD=(26+14)\times 35=1400cm^2$。

〔范例49〕设：在正方形$ABCD$的各条边上向正方形内作120°的弧，连各交点得正方形$A'B'C'D'$。

求：$A'B'C'D':ABCD$。

---

*这个公式不仅适用于菱形，凡两对角互相垂直的任意四边形都可以适用。

思考 因正方形的面积等于边长的平方，故须先求$A'B':AB$。又因$A'B'$与AB都是$\overset{\frown}{AB}$所在的⊙O的弦，故可由它们所对的圆心角，求得它们的比。

解 连AA'、BB'，因正方形关于对角线对称，故A'、B'各在对角线上，$\angle A'AB=\angle B'BA=45°$，$\overset{\frown}{A'B}=\overset{\frown}{B'A}=90°$。又因$\overset{\frown}{AB}=120°$，故

$$\overset{\frown}{A'B'}=90°\times 2-120°=60°。$$

于是知$A'B'$是$\overset{\frown}{AB}$所在的⊙O内接正六角形的一边，其长等于半径；AB是内接正三角形的一边，其长为半径的$\sqrt{8}$倍。

$\therefore \quad A'B':AB=1:\sqrt{3}$，

$A'B'C'D':ABCD=12:(\sqrt{8})^2=1:3$。

〔范例50〕菱形的边是两对角线的比例中项，求它的锐角。

设：菱形$ABCD$的$\angle A$是锐角，$AC:AB=AB:BD$。

求：$\angle A$。

思考 仿〔范例26〕，作高DE，欲求$\angle A$，须先求$DE:AD$，即求$DE:AB$。因DE与AB是菱形的高与底，它的积

等于菱形面积，而由假设$\overline{AB}^2=AC\times BD$，等于菱形面积的2倍，得$DE\times AB=\frac{1}{2}\overline{AB}^2$，进而求得$DE:AB$的值。

解 由假设，知 $\overline{AB}^2=AC\times BD$，

由菱形求积定理，知 $ABCD=\frac{1}{2}AC\times BD$，

∴ $ABCD=\frac{1}{2}\overline{AB}^2$。

但若作高DE，则由平行四边形求积定理，得

$ABCD=AB\times DE$。

于是知 $AB\times DE=\frac{1}{2}\overline{AB}^2$，$DE=\frac{1}{2}AB$，即$DE=\frac{1}{2}AD$，

∴ $\angle A=30°$。

注 本题不用面积定理也可以解。设两对角线相交于O，因$\triangle ABO\backsim\triangle DBE$，故$AB\times DE=AO\times BD=\frac{1}{2}AC\times BD=\frac{1}{2}\overline{AB}^2$，结果一样。

研究题十八

（1）平行四边形的两邻边长各为a、b，夹角是30°、45°或60°，求它的面积。

（2）L字形的两臂各长55cm，各宽8cm，求它的面积。

（3）平行四边形的两邻边分别等于一矩形的两邻边，但该平行四边形的面积是矩形的一半，求平行四边形的一锐角。

（4）矩形的面积是37128cm^2，对角线长305cm，求周长。

提示 设两邻边长分别为x、y，联立方程式可解得$x+y$。

（5）平行四边形的周长是$2p$，两邻边上的高各是h_1、h_2，求它的面积。

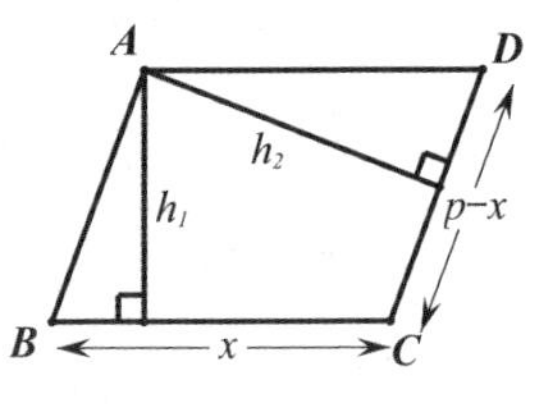

提示 设一边长为x，对邻边长为$p-x$，可列两个代数式别表示平行四边形的面积。

（6）平行四边形的面积是480cm^2，周长112cm，两条长边间的距离是12cm，求两条短边间的距离。

（7）矩形外接圆的半径是R，两对角线的夹角为30°、

45° 或60°，求矩形的面积。

（8）$Rt\triangle ABC$的内接正方形是$DEFG$，它的一边DE在$\triangle ABC$的斜边AB上，已知$AD=m$，$EB=n$，求正方形的面积。

提示　$\triangle ADG\backsim\triangle FEB$，设正方形边长为$x$，可得一比例式。

（9）$Rt\triangle ABC$的内接矩形是$CEDF$，它的两边CE、CF分别在$\triangle ABC$的边CA、CB上，顶点D在斜边AB上，已知$AE=m$，$BF=n$，求矩形面积。

（10）三角形的底是$30cm$，高是$10cm$，内接矩形的一边在三角形的底上，这矩形的面积是$63cm^2$，求它的各边。

提示　参阅研究题十三（19）。

（11）菱形的两对角线各长$12dm$、$16dm$，求它的高。

提示　求面积，并用勾股定理求边长。

（12）从菱形的一顶点作高及对角线，已知高是$12cm$，对角线是$13cm$，求菱形面积。

提示　参阅研究题十三（13）的图，先求EB。

（13）菱形的面积是Q，两对角线的比是$m:n$，求它的边。

（14）矩形$ABCD$的两邻边$AB=a$，$BC=b$，在各边上向外作正三角形ABE、BCF、CDG、DAH，求四边形$EFGH$的面

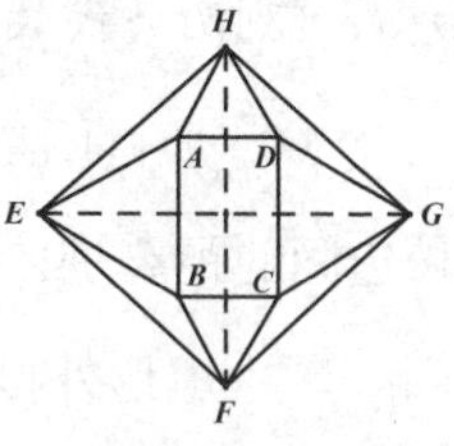

积。

提示 $EFGH$是菱形。

（15）四边形的两对角线互相垂直，长度各是l、k，求它的面积。

（16）四边形的两对角线夹30° 的角，长度各是l、k，求它的面积。

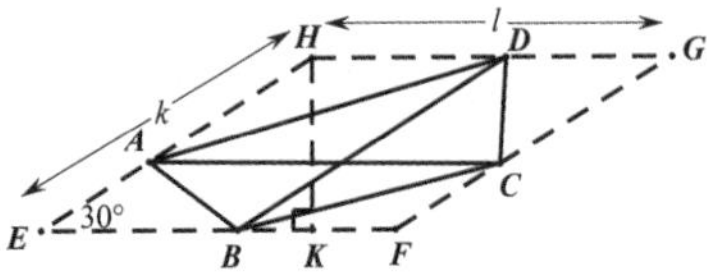

提示 过四边形的各顶点作对角线的平行四边形为原四边形的2倍。

三角形的面积

求三角形面积的公式如下:

(1) 三角形的底是b, 高是h, 则$S=\frac{1}{2}bh$。

(2) 三角形的各边是a、b、c, 又半周$s=\frac{1}{2}(a+b+c)$, 则

$S=\sqrt{s(s-a)(s-b)(s-c)}$。*

(3) 正三角形的边长是a, 则$S=\frac{1}{4}a^2\sqrt{3}$。

(4) 正三角形的高是h, 则$S=\frac{1}{3}h^2\sqrt{3}$。

(5) 圆的半径是r, 外切三角形的半周是s, 则$S=sr\frac{1}{4}$。

〔范例51〕设: $\triangle ABC$的$\angle A=45°$, $\angle B=60°$, 外接圆O

---

*这个公式名叫海罗公式, 可由三角形求高的公式及公式(1) 化得。在中国宋朝秦九韶的书中也有类似的算法, 译成公式, 得

$S=\sqrt{\frac{1}{4}\left[c^2a^2-\left(\frac{c^2+a^2-b^2}{2}\right)\right]}$。

这公式和海罗公式实际一样, 读者不妨用代数方法计算一下, 就可以明白。

这个公式不仅适用于圆的外切三角形, 还适用于圆的任何外切多角形。

的半径是R。

求：$\triangle ABC$的面积。

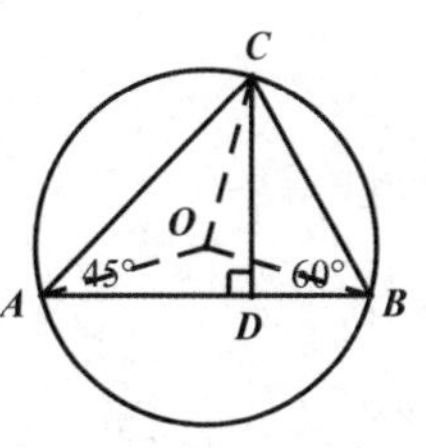

思考 作高CD，则$\triangle ACD$是等腰直角三角形，$\triangle BCD$是一锐角为60°的直角三角形，两个三角形中只须各求出一边，就能算出所有的边，从而在$\triangle ABC$中有已知的底AB及高CD，面积就可以求了。

解 因$\angle BOC=2\angle A=90°$，$\angle AOC=2\angle B=120°$，故$BC$是内接正方形的边，$AC$是内正三角形的边，由正多角形的边长公式，得

$BC=R\sqrt{2}$，$AC=R\sqrt{3}$。

作$CD\perp AB$，因$\triangle ACD$是已知斜边的等腰直角三角形，故

$AD=CD=\frac{R\sqrt{3}}{\sqrt{2}}=R\sqrt{6}$。

又$\triangle BCD$是已知斜边面一锐角为60°的直角三角形，故

$DB=\frac{R\sqrt{2}}{2}=\frac{1}{2}R\sqrt{2}$。

$\therefore$ $\triangle ABC=\frac{1}{2}AB\times CD=\frac{1}{2}\left(\frac{1}{2}R\sqrt{6}+\frac{1}{2}R\sqrt{2}\right)\times\frac{1}{2}R\sqrt{6}$

$=\frac{1}{8}R^2(6+2\sqrt{3})=\frac{1}{4}R^2(3+\sqrt{3})$。

〔范例52〕设：在$\triangle ABC$中，$AB=14cm$，$BC=13cm$，$CA=15cm$，以AB上的O点为圆心，作一圆切AC、BC于D、E。

求：OD。

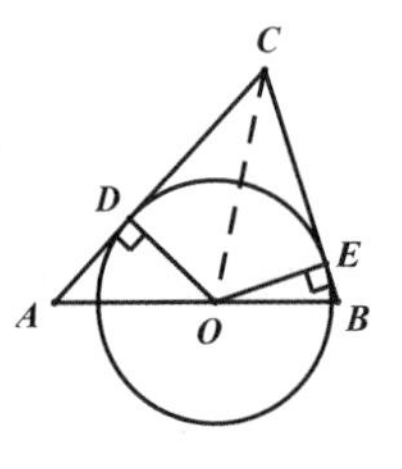

思考 设$OD=OE=x$，可用代数式表示$\triangle AOC$、$\triangle BOC$的面积，$\triangle ABC$已知三边，面积可求，故由此可列方程式。

解 设$OD=OE=x$，则

$\triangle AOC=\frac{1}{2}\times15x$，$\triangle BOC=\frac{1}{2}\times13x$。

$\therefore\qquad \triangle ABC=\frac{1}{2}(15x+13x)=14x$。

但在$\triangle ABC$中，$s=\frac{1}{2}(13+14+15)=21$，故

$\triangle ABC=\sqrt{21(21-13)(21-14)(21-15)}=84$，

于是得方程式 $14x=84$。

解得 $x=6cm$。

〔范例53〕设：正三角形ABC的边长是a，在各边上向外作正方形$ABED$、$BCGF$、$CAKH$。

求：六角形$DEFGHK$的面积。

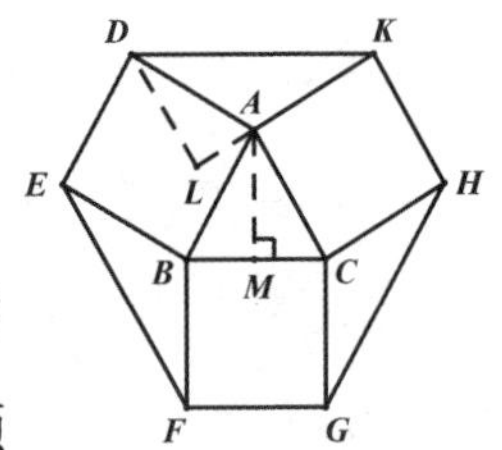

思考 这六角形中所含的一个正三角形及三个正方形，面积都容易求得，只须再求三个等腰三角形的面积即可，作$\triangle DAK$、$\triangle ABC$的高DL、AM，因$\angle DAK=120°$，故可证$\triangle DAL\cong\triangle ACM$，$DL=AM$。又因$AK=BC$，故$\triangle DAK$与$\triangle ABC$等底等高，面积相等。

解 作$\triangle DAK$、$\triangle ABC$的高DL、AM。因$\angle DAK=360°-$

$90° - 90° - 60° = 120°$，故$\angle DAL = 60° = \angle ACM$。又因$DA = AC$，$Rt\triangle DAL \cong Rt\triangle ACM$，$DL = AM$。$AK = BC$，故$\triangle DAK = \triangle ABC$。同理，$\triangle BEF = \triangle CGH = \triangle ABC$。

$\therefore DEFGHK = 3ABED + 4\triangle ABC = 3a^2 + 4 \times \frac{1}{4}a^2\sqrt{3} = a^2(3+\sqrt{3})$。

研究题十九

（1）三角形的两边长a、b，夹角是30°、45°或60°，求它的面积。

（2）直角三角形斜边上的高分斜边成$32m$、$18m$的两部分，求这三角形的面积。

（3）直角三角形的面积是$1320cm^2$，斜边长$73cm$，求两直角边。

（4）等腰三角形的腰长$1m$，底长$56cm$，求它的面积。

（5）等腰三角形的面积是$48dm^2$，腰长$10dm$，求它的底。

（6）菱形$ABCD$的两对角线$AC=150mm$，$BD=200mm$，作$AE\perp BC$，$AF\perp CD$，求$\triangle AEF$的面积。

提示 依研究题十八（11）求AE，继续求EC，然后利用相似三角形求EF。

（7）设$AB/\!/CD$，M是AD、BC的交点，$AB=8cm$，$CD=12cm$，两线段间的距离是$10cm$，求$\triangle ABM$与$\triangle CDM$的面积的和。

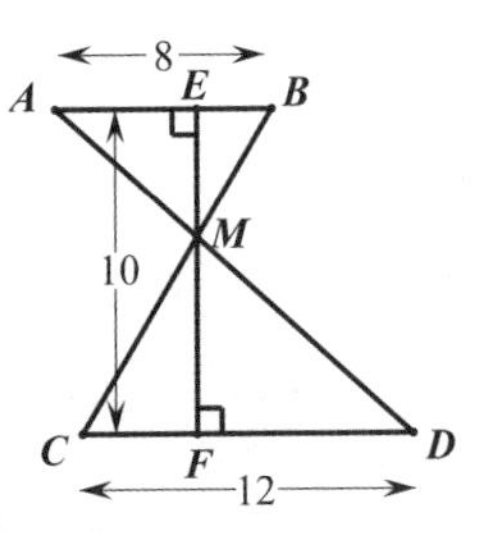

（8）直角三角形ABC及ABD

的斜边公共，且在斜边的同侧，$AC=BD=16cm$，$BC=AD=12cm$，AC与BD相交于E，求$\triangle ABE$的面积。

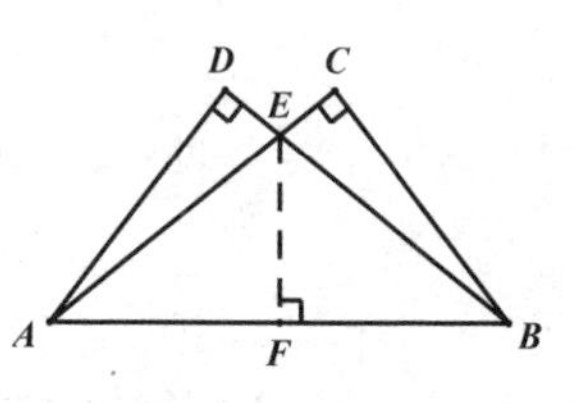

提示 作$EF\perp AB$，则EF平分AB，由相似形比例可求EF。

(9) 三角形的两角各是30°、45°，夹边是a，求它的面积。

提示 设a上的高是x，试以x的代数式表示a。

(10) $Rt\triangle ABC$的两直角边的比$AC:BC=21:20$，外接圆半径OC与内切圆半径PD的差是$17dm$，求$Rt\triangle AEC$的面积。

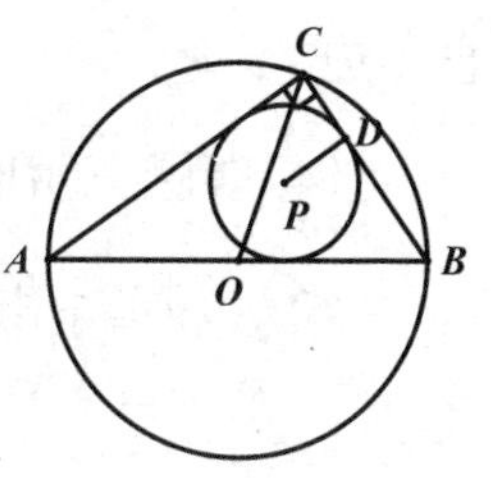

提示 设$AC=21x$，则$BC=20x$，$AB=\cdots$，$OC=\cdots$，$PD=\cdots$，列方程式。

(11) 在四边形$ABCD$中，四边$AB=10$，$BC=8$，$CD=15$，$DA=21$，对角线$BD=17$，求它的面积。

(12) 平行四边形的一边长$51m$，两对角线各长$40m$、$74m$，求它的面积。

提示 先求等于它的四分之一的小三角形面积。

(13) 三角形的三中线长9、12、15，求它的面积。

提示 若三中线AD、BE、CF相交于O，则$\triangle OAB=\frac{1}{2}$

$\triangle ABC$，由已知的OA、OB、OF，可求AB。

(14) 三角形两边上的中线各长9、12，第三边长10，求它的面积。

(15) 三角形三边的长各是26、28、30，求28上的中线与高间的面积。

提示 先求30在28上的射影。

(16) 三角形的两边长各为17、28，面积是210，求第三边。

提示 先求28上的高。

(17) 分圆周成五个弧，顺次是30°、60°、90°、120°、60°，求连各分点所成五角形的面积。

提示 过五个分点各作半径，分别求五个三角形的面积。

(18) 直角三角形的两条直角边长各为a、b，在三边上向外各作一正方形，连各顶点得一六角形，求这六角形的面积。

(19) 在线段AE上取一点C，$AC=a$，$CE=b$，向同侧作正三角形ACB、CED，求四边形$ABDE$的面积。

(20) 在三角形中，作一三角形，使其各顶点在原三角形各边的中点上；然后再在第二个三角形中同样地作第三个三角形；再在第三个三角形中同样地作第四个三角形，这样无限继续下去，求所作的无数三角形面积的总和的极限。

提示　这样所作的无穷三角形，顺次后一三角形是前一三角形的$\frac{1}{4}$，可利用代数中“等比级数无穷项的和”的公式$S\infty=\frac{a}{1-r}$。

梯形的面积

求梯形面积的公式如下：

（1）梯形的两底是b及b'，高是h，则$S=\frac{1}{2}h(b+b')$。

（2）梯形的中线是m，高是h，则$S=mh$。

〔范例54〕设：在梯形$ABCD$中，$AD/\!/BC$，$AD=5m$，$BC=45m$，$AB=25m$，$DC=39m$。

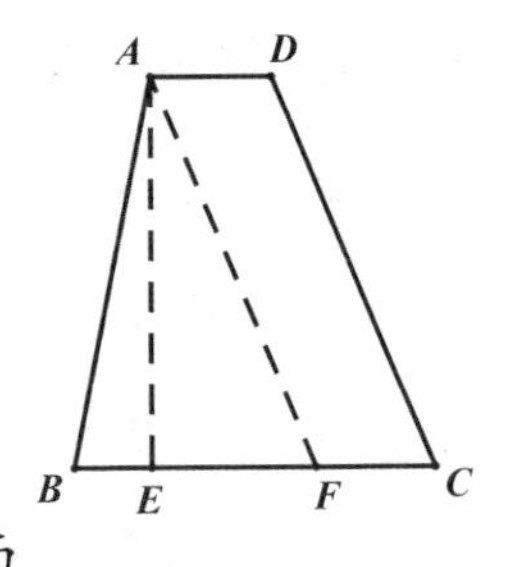

求：$ABCD$的面积。

思考　已知$ABCD$的两底，欲求面积，还须知道它的高。试作高AE，设法求它的长。但AE与已知的四边没有相当关系，故须设法作辅助线。试用梯形问题的老办法，作$AF/\!/DC$，则$AF=DC$，$BF=BC-AD$，都是已知数，于是$\triangle ABF$已知三边，可以求它的高AE。

解　作$AE\perp BC$，$AF/\!/DC$，则$AFCD$是▱，故

$AF=DC=39$,

$BF=BC-CF=BC-AD=45-5=40$,

$AB=25$,

由三角形求高的公式，先计算$\triangle ABF$的半周

$S=\frac{1}{2}(39+40+25)=52$,

$AE=\frac{2}{40}\sqrt{52(52-39)(52-40)(52-25)}=23.4$。

再由梯形求积公式，得

$ABCD=\frac{1}{2}\times23.4\times(5+45)=585m^2$。

〔范例55〕设：在梯形$ABCD$中，$AD//BC$，高$AE=DF=12dm$，两对角线$BD=20dm$，$AC=15dm$。

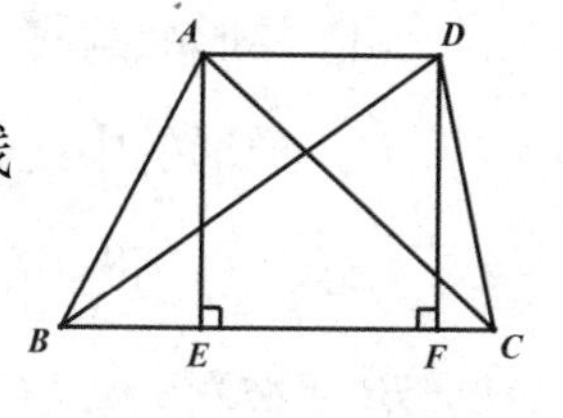

求：$ABCD$的面积。

思考　已知梯形的高，欲求面积，必须先求两底或两底的和。在$Rt\triangle BDF$中可求BF，同理，在$Rt\triangle CAE$中可求EC，这两线的和恰等于两底的和。

解　由勾股定理，在$Rt\triangle BDF$中，得$BF=\sqrt{20^2-12^2}=16$;

在$Rt\triangle ACE$中，得　　　$EC=\sqrt{15^2-12^2}=9$。

因$AEFD$是矩形，$AD=EF$，故

$AD+BC=2EF+BE+EC=BF+EC=16+9=25$。

$\therefore$　　　$ABCD=\frac{1}{2}\times12\times25=150dm^2$。

研究题二十

（1）梯形的两底各长89mm、142mm，两对角线各长153mm、120mm，求它的面积。

提示 从上底的一端作一直线，与过另一端的对角线平行，交下底的延线于一点。

（2）梯形的面积是144cm^2，高是16cm，两底的比是4∶5，求两底。

（3）梯形的面积是200cm^2，高是8cm，求它的中线。

（4）在梯形$ABCD$中，一腰AB的平行线交两底AD、BC于E、F，AD=12cm，BC=28cm，EF平分$ABCD$的面积，求BF。

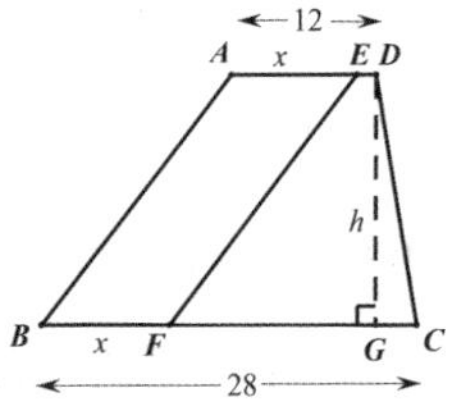

提示 ▱$ABFE=hx$，梯形$EFCD=\frac{1}{2}h$（$12+28-2x$）。

（5）延长梯形$ABEF$的两腰AF、BE相交于C，从C作$CD\perp AB$，交EF于M，CM∶MD=2∶3，AB=75cm，AC=65cm，BC=70cm，求梯形的面积。

提示 先求CD，再求MD及FE。

（6）直角梯形的一角是60°，两底是3m、5m，求它的面积。

（7）直角梯形的一角是30°，两底的和是m，两腰的和是n，求它的面积。

提示 高是$\frac{1}{3}N$。

（8）在四边形$ABCD$中，$AB=15cm$，$CD=7cm$，$AD=50cm$，M是AD的中点，$\angle ABM=\angle DCM=90°$，求$ABCD$的面积。

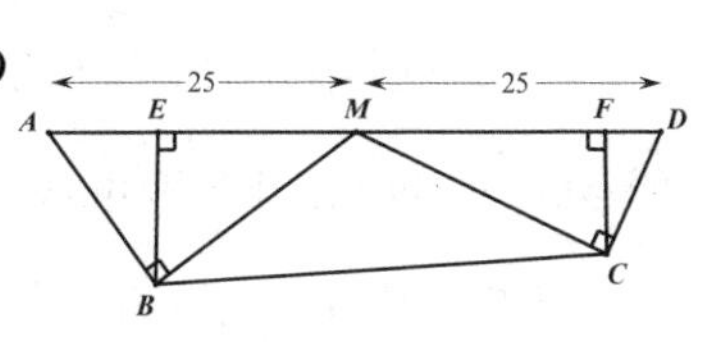

提示 作DA的垂线BE、CF，则$BEFC$是直角梯形，先在$Rt\triangle ABM$中求AE、BE，再在$Rt\triangle CDM$中求DF、CF。

（9）等腰梯形的两底各长$42cm$、$54cm$，一对底角是45°，求它的面积。

（10）等腰梯形的一底长$44cm$，腰长$17cm$，对角线长$39cm$，求它的面积。

（11）等腰梯形的两对角线互相垂直，高是h，求它的面积。

（12）等腰梯形的两底各长$10cm$、$26cm$，两对角线分别垂直于两腰，求它的面积。

（13）等腰梯形的下底、上底与腰的连比是10∶4∶5，面积是$112cm^2$，求周长。

提示 以X代各边的公约量，列代数式表梯形面积。

（14）圆的半径是R，内接梯形的两底在圆心的同侧，它们所对的弧各是60°及120°，求这梯形的面积。

提示 参阅〔范例49〕。

（15）圆的外切等腰梯形的腰长为A，两底角是30°，求它的面积。

提示 外切四边形两对边的和等于另两对边的和。

正多角形的面积

关于正多角形，一般都从周长(p)及边心距(r)来求它的面积，公式如下：

$$S=\frac{1}{2}pr。$$

但有时可先求其中各部分的面积，再合并而得。参阅下面的范例，就可以明白。

〔范例56〕截去正方形的四角，使成一正八角形，若正方形的边是a，求正八角形的面积。

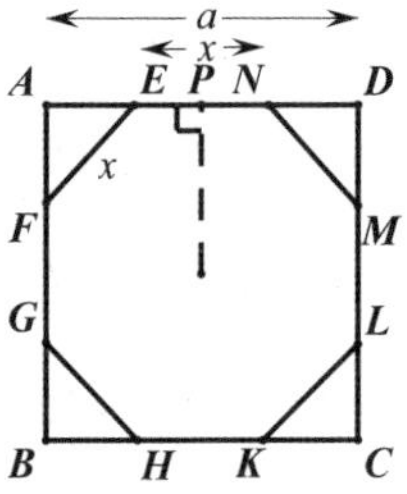

思考　已知正方形的边长是a，则正八角形的边心距是$\frac{1}{2}a$，只须求正八角形的周长即可。欲求周长，必先求每边。已知$AD=a$，设$EN=EF=x$，则可表出AB及AF，由$Rt\triangle AEF$列方程式。又若先求正方形面积，再求截去的四个三角形面积，两数相减，也可得所求的面积。

解法一　设正八角形的边长$EN=EF=\cdots\cdots=x$，则

$AE=AF=\cdots\cdots=\frac{1}{2}(a-x)$。由勾股定理得方程式

$$2[\frac{1}{2}(a-x)]^2=X^2。$$

解得　　$x=a(\sqrt{2}-1)$。

又作边心距OP，则易知$OP=\frac{1}{2}a$，故

$$S_{EFGHKLMN}=\frac{1}{2}\times 8a(\sqrt{2}-1)\times\frac{1}{2}a=2a^2(\sqrt{2}-1)。$$

解法二　同上，既得$EN=a(\sqrt{2}-1)$，得

$$AE=\frac{1}{2}[a-a(\sqrt{2}-1)]=\frac{1}{2}a(2-\sqrt{2})。$$

截去的四个等腰直角三角形的总面积是

$$2[\frac{1}{2}a(2-\sqrt{2})]=a^2(3-2\sqrt{2})。$$

$$\therefore\ S_{EFGHKLMN}=a^2-a(3-2\sqrt{2})=2a^2(\sqrt{2}-1)。$$

〔范例57〕设：正十二角形$ABCD\cdots\cdots$的外接圆半径是R。

求：$ABCD\cdots\cdots$的面积。

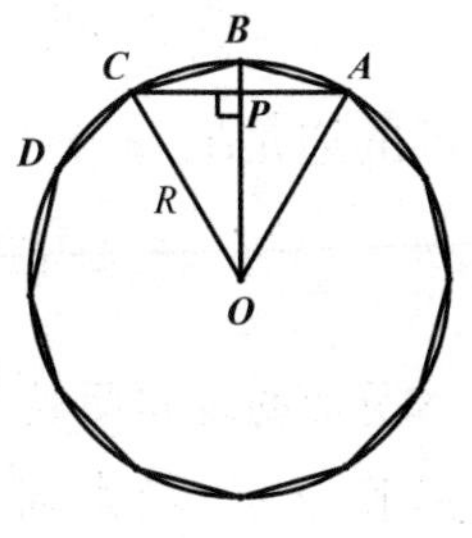

思考　先求$\triangle OBC$的面积，以12乘；或先求四边形$OABC$的面积，乘以6，都可得所求的面积。

解法一　作$CP\perp OB$，因$\angle BOC=30°$，故

$$CP=\frac{1}{2}OC=\frac{1}{2}R。$$

$OB=R$，故　　$S_{\triangle OBC}=\frac{1}{2}OB\times CP=\frac{1}{2}R\cdot\frac{1}{2}R=\frac{1}{4}R^2$。

$$S_{ABCD}\cdots\cdots=12\times\frac{1}{4}R^2=3R^2。$$

解法二 连CA，交OB于P，则$CA\perp OB$，且$\triangle OAC$是正三角形，$CA=OC=R$。又因$OB=R$，故

$$S_{OABC}=\frac{1}{2}CA\times OB=\frac{1}{2}R^2,$$

$$S_{ABCD\cdots\cdots}=6\times\frac{1}{2}R^2=3R^2。$$

〔范例58〕圆的半径长4，求内接正五角形及内接正五角星的面积。

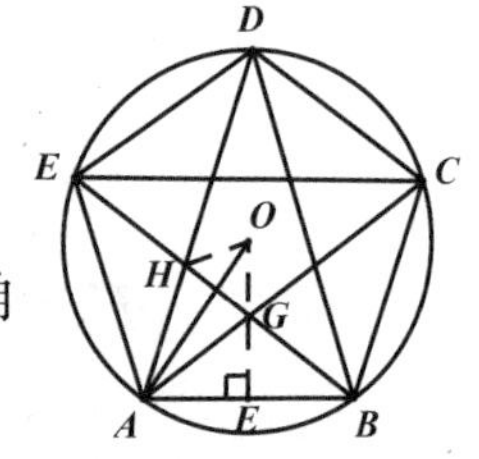

设：圆的半径OA长4。

求：内接正五角形$ABCDE$及正五角星$ACEBD$的面积。

思考 欲求$ABCDE$的面积，须先求周（即边长的5倍）及边心距（即OF）。因边长可由前面的公式求得，边心距可由勾股定理求得，所以问题不难解决。欲求$ACEBD$的面积，因$OA\perp BE$，用比例可求HG的长，从而求四边形$OHAG$的面积，正五角星的面积是$OHAG$的5倍，所以也可以求了。

解 从内接正五角形求边的公式，得

$$AB=2\sqrt{10-2\sqrt{5}}。$$

作$OF\perp AB$，得 $AF=\frac{1}{2}\cdot 2\sqrt{10-2\sqrt{5}}=\sqrt{10-2\sqrt{5}}$。

由勾股定理得 $OF=\sqrt{4^2-\left(\sqrt{10-2\sqrt{5}}\right)^2}=\sqrt{6+2\sqrt{5}}$。

又由正多角形求积公式，得

$$S_{ABCDE}=\frac{1}{2}\cdot 5\cdot 2\sqrt{10-2\sqrt{5}}\cdot\sqrt{6+2\sqrt{5}}=10\sqrt{10+2\sqrt{5}}\approx 38.04。$$

又若AC、AD各交BE于G、H，连OG、OH，因

$BH=AB$，$GH:BG=BG:BH$，

故设$GH=x$，则得

$x:(2\sqrt{10-2\sqrt{5}}-x)=(2\sqrt{10-2\sqrt{5}}-x):2\sqrt{10-2\sqrt{5}}$。

化得　　$4(10-2\sqrt{5})-4\sqrt{10-2\sqrt{5}}x+x^2=2\sqrt{10-2\sqrt{5}}x$，

即　　$x^2-6\sqrt{10-2\sqrt{5}}x+4(10-2\sqrt{5})=0$。

$\therefore$　　$x=x=\dfrac{6\sqrt{10-2\sqrt{5}}-\sqrt{36(10-2\sqrt{5})-16(10-2\sqrt{5})}}{2}$

$=(3-\sqrt{5})\sqrt{10-2\sqrt{5}}$。

因$OA\perp GH$，故$S_{OHAG}=\frac{1}{2}OA\times GH=\frac{1}{2}\times 4(3-\sqrt{5})\sqrt{10-2\sqrt{5}}$

$=2(3-\sqrt{5})\sqrt{10-2\sqrt{5}}$。

$\therefore S_{ACEBD}=5\times S_{OHAG}=10(3-\sqrt{5})\sqrt{10-2\sqrt{5}}\approx 17.96$。

研究题二十一

（1）正多角形的面积是$240cm^2$，周长$60cm$，求边心距。

（2）正多角形的面积是$20dm^2$，内切圆半径是$2.5dm$，求周长。

（3）正三角形内切圆的半径是r，求这正三角形的面积。

（4）正六角形内切圆的半径是r，求这正六角形的面积。

（5）正六角形外接圆的半径是r，求这正六角形的面积。

（6）正六角形的面积是S，求它的边长。

（7）正八角形外接圆的半径是r，求这正八角形的面积。

（8）圆内接正十二角形的面积是Q，求同圆内接正六角形的面积。

（9）圆内接正八角形的面积是Q，求同圆内接正方形的面积。

（10）圆的半径是r，求内接正六角形的面积。

提示　这正六角形可分成12个正三角形，它们的高都是

$-r$。

(11)圆的半径是r，求内接正八角星形的面积。

提示　正八角形可分成8个全等的四边形，每一四边形的两对角线互相垂直，其中一对角线，另一对角线仿〔范例56〕可求得它的长是$r(2-\sqrt{2})$。

(12)正五角形的边长是4，求它的面积。

提示　先用第142页的公式(5)，求外接圆半径。

圆面积

由已知的半径、直径或圆周，都可求圆面积，公式如下：

（1）圆的半径是r，则 $S=\pi r^2$。

（2）圆的直径是d，则 $S=\frac{1}{4}\pi d^2$。

（3）圆周的长是c，则 $S=\frac{c^2}{4\pi}$。

〔范例59〕两同心圆的圆周分别是40、30，求夹于这两个圆周间的环形面积。

解 大圆的面积是 $\frac{40^2}{4\pi}=\frac{400}{\pi}$；

小圆的面积是 $\frac{30^2}{4\pi}=\frac{225}{\pi}$。

因所求的环形面积是大、小两圆面积的差，所以是

$$\frac{400}{\pi}-\frac{225}{\pi}=\frac{175}{\pi}\approx 55.7。$$

〔范例60〕设：$\odot O$的半径是R，内接矩形$ABCD$的面积

是圆面积的$\frac{1}{2}$。

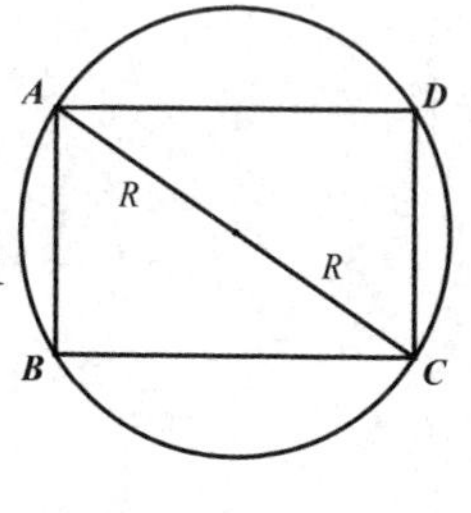

求：矩形的边AB及BC。

思考　以x、y表所求的两边，可由勾股定理及题设条件列二方程式。

解　设$AB=x$，$BC=y$，则

$$\begin{cases} x^2+y^2=(2R)^2 \cdots\cdots(\text{i}) \\ xy=\frac{1}{2}\pi R^2 \cdots\cdots\cdots\cdots(\text{ii}) \end{cases}$$

$\sqrt{(\text{i})+(\text{ii})\times 2}$　　　$x+y=R\sqrt{4+\pi}$，

$\sqrt{(\text{i})-(\text{ii})\times 2}$　　　$x-y=R\sqrt{\ -\pi}$。

$\therefore$　　　$x=\frac{1}{2}R(\sqrt{4+\pi}+\sqrt{4-\pi})\approx 1.8R$，

$$y=\frac{1}{2}R(\sqrt{4+\pi}-\sqrt{4-\pi})\approx 0.87R。$$

研究题二十二

(1) 求半径为10cm的圆面积。

(2) 圆面积为12.65cm^2，求直径。

(3) 圆面积为18cm^2，求圆周。

(4) 一圆的圆周与面积在数值上相等，求半径。

(5) 圆内接正方形的面积是F，求圆面积。

(6) 圆面积比外切正方形面积小4.3m^2，求圆面积。

(7) 圆面积是Q，内接矩形两邻边的比是$m:n$，求矩形面积。

(8) 圆面积是Q，外切菱形的锐角是30°，求菱形面积。

提示　圆的直径等于菱形的高。

(9) 正三角形的面积是Q，求它的外接圆与内切圆间的环形面积。

提示　先求正三角形的高，其中$\frac{1}{8}$是内切圆半径，$\frac{2}{3}$是外接圆半径。

(10) 两个同心圆中，外圆的弦切于内圆，已知弦长为a，求两圆周间的环形面积。

提示　本题虽不能求出两圆的半径，但可求两圆半径平方的差。

（11）两圆的直径各是6*cm*、8*cm*，若第三圆的面积等于这两个圆面积的和，求第三个圆的直径。

弧和线段所围的曲线形面积

弧和线段所围的曲线形种类很多，求面积的方法以扇形和弓形为基础。已知半径及圆心角，可求扇形的面积，公式如下：

（1）在半径为r的圆中，圆心角n的扇形面积

$S=\frac{n}{360}\cdot\pi r^2$。

若求弓形面积，可先求含同弧的扇形面积，再减去以弓形弦为底而以半径为腰的等腰三角形面积。如果不知道半径及圆心角，而知道弓形的底及高，那么只能用如下的公式，求这弓形面积的近似值。

（2）弓形的底是b，高是h，则面积是

$S\approx\frac{2}{3}bh+\frac{h^3}{2b}$。

求其他各种曲线形的面积，都只要先求扇形、弓形及直线形的面积，再作适当的加、减即可。

〔范例61〕设：⊙O的半径是R，弓形ACB所对的圆心角是60°。

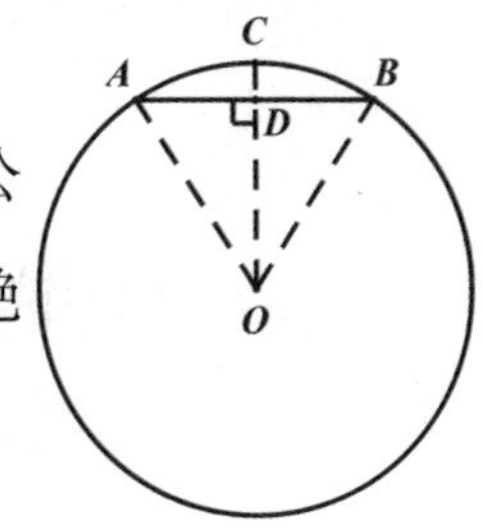

求：弓形面积的真值，再用近似公式求面积的近似值，算出这近似值的绝对误差及相对误差*。

解　先求扇形OAB的面积，得

$$\frac{60}{360}\cdot\pi r^2=\frac{1}{6}\pi r^2,$$

再设OD是等腰$\triangle OAB$的高，求它的面积，得

$$\frac{1}{2}r\times OD=\frac{1}{2}r\times\frac{1}{2}r\sqrt{3}=\frac{1}{4}r^2\sqrt{3}。$$

$\therefore$ 弓形$ACB=\frac{1}{6}\pi r^2-\frac{1}{4}r^2\sqrt{3}=\frac{1}{12}r^2(2\pi-3\sqrt{3})\approx0.0906r^2$。

又因弓形的高$CD=OC-OD=r-\frac{1}{2}R\sqrt{3}\approx0.1340r$，故由弓形求面积的近似公式，得

弓形$ACB\approx\frac{2}{3}bh+\frac{h^3}{2b}=0.0893r^2+0.0012r^2=0.0905r^2$。

这近似值的绝对误差约为

$$0.0906r^2-0.0905r^2=0.000lr^2;$$

相对误差为　　$0.0001r^2\div0.0906r^2=0.001=0.1\%$。

〔范例62〕设：正方形各边的长是a，以各边为直径向正方形内各作一半圆，得四个叶形。

*近似值与真值的差，叫作绝对误差；绝对误差对于真值的比，叫作相对误差。

求：这四个叶形的总面积。

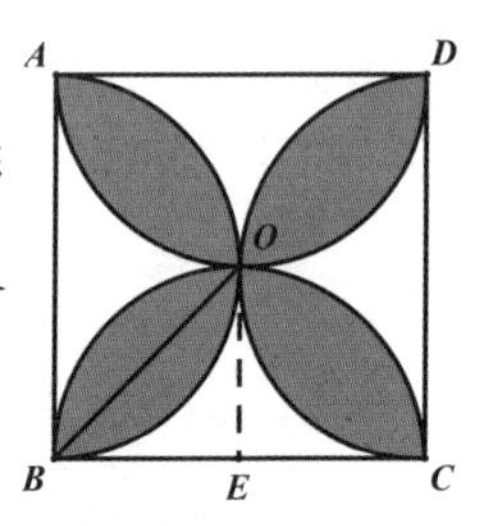

思考一 四个半圆一定都通过正方形的中心O，所以在四个半圆中每相邻两个互相重叠的地方刚好是一个叶形。

解法一 四个半圆面积和是

$$2\pi\left(\frac{a}{2}\right)^2=\frac{\pi}{2}a^2。$$

从这面积减去正方形的面积，就得重叠的四个叶形的总面积为

$$\frac{\pi}{2}a^2-a^2=\left(\frac{\pi}{2}-1\right)a^2\approx0.57a^2。$$

思考二 若BC的中点是E，则扇形EBO的圆心是$90°$，$\triangle EBO$是等腰直角三角形，可求以BO为弦的弓形。又四个叶形的总面积是这弓形面积的8倍。

解法二 从正方形的中心作$OE\perp BC$，则E是BC的中点，扇形EBO的面积是

$$\frac{90}{360}\times\pi\times\left(\frac{a}{2}\right)^2=\frac{\pi}{16}a^2。$$

又直角三角形EBO的面积是

$$\frac{1}{2}\times\left(\frac{a}{2}\right)^2=\frac{1}{8}a^2。$$

于是知以BO为弦的弓形面积是

$$\frac{\pi}{16}a^2-\frac{1}{8}a^2=\frac{\pi-2}{16}a^2。$$

故所求的四个叶形的总面积是

$$8\times\frac{\pi-2}{16}a^2=\frac{\pi-2}{2}a^2=\left(\frac{\pi}{2}-1\right)d\approx0.57a^2。$$

研究题二十三

（1）扇形面积是Q，圆心角是72°，求扇形的半径。

（2）扇形面积是Q，半径是r，求扇形角。

（3）弓形弦长a，所对的圆心角是120°、90°或60°，求弓形面积。

（4）相交两圆的公弦长a，这弦在一圆中所对的圆心角是60°，则另一圆中所对的圆心角是90°，求两圆公共部分的面积（两种情形）。

（5）圆的半径是R，两平行弦在圆心的同侧，它们所对的弦各是60°、120°，求两平行弦间的面积。

（6）从圆外一点引两切线，夹角是60°、90°或120°，求这两切线与两切点间的劣弧所围的曲线形面积。

（7）半径为R的两个等圆，圆心互在对方圆周上，求两圆公共部分的面积。

（8）正方形的边长是$2r$，以各顶点为圆心，r为半径，在正方形内各作一弧，求四弧所围的面积。

（9）在四分之一圆内割去以原半径r为直径的半圆，求剩余的面积。

r

r

（10）菱形的两对角线各长a、b，以各边为直径在菱形的同侧各作一半圆，求所成四个叶形的总面积。

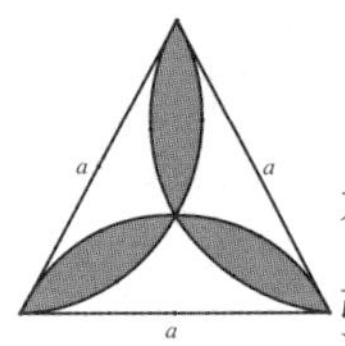

（11）正三角形的边长是a，以各边为弦向三角形内各作一120° 的弧，求所成三个叶形的总面积。

（12）正三角形的边长是a，以其中心为圆心作一圆，使这圆在各边所截的弦对90° 的圆心角，求这正三角形与圆的公共部分的面积。

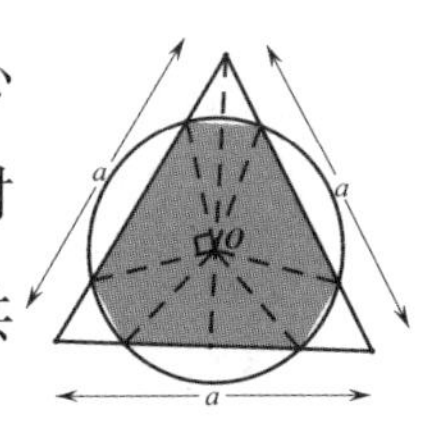

提示　圆心与正三角形各边的距离是$\frac{1}{8}a\sqrt{8}$，圆的半径是以$\frac{1}{8}a\sqrt{3}$为腰的等腰Rt△的斜边。

（13）过A、B两点以等半径向同侧作两弧，$\overset{\frown}{AMB}=240°$，$\overset{\frown}{AOB}=120°$，两弧中点间的距离$OM=a$，求月牙形$AOBM$的面积。

提示　$\overset{\frown}{AMB}$的共轭弧$\overset{\frown}{ANB}$是120°，故O是$\overset{\frown}{AMB}$的圆心，月牙形面积等于以a为半径的圆面积减去120°弧的两个弓形面积。

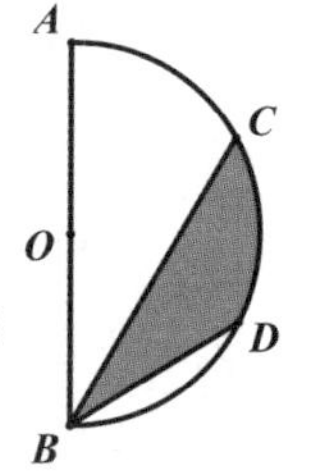

（14）分半圆周AB于C、D，使$\overset{\frown}{AC}=\overset{\frown}{CD}=\overset{\frown}{DB}$，已知半径$r$，求$BCD$的面积。

提示　最简便的解法是找出一个与曲线形BCD等积的扇形。

面积的比例

两个直线形、两个圆或两个扇形的面积的比，往往可以等于两条线段的比，或每两条线段的积的比，或两条线段各自平方的比等。这些定理在解计算题时很有用，可归纳成下列七条：

(1) 等底矩形（或平行四边形、三角形）的比，等于高的比。

(2) 等高矩形（或平行四边形、三角形）的比，等于底的比。

(3) 两个矩形（或平行四边形、三角形）的比，等于底与高的积之比。

(4) 一角彼此相等的两个三角形的比，等于夹等角的边的积之比。

(5) 两个相似三角形（或相似多角形）的比，等于对应边（或其他对应线段，或周长）的平方比。

(6)圆面积的比，等于半径(或直径)的平方比。

(7)等半径的两个扇形的比，等于圆心角的比；等圆心角的两个扇形的比，等于半径的平方比。

〔范例63〕设：在$\triangle ABC$中，$\angle A=45°$或$30°$，$BD\perp AC$，$CE\perp AB$。

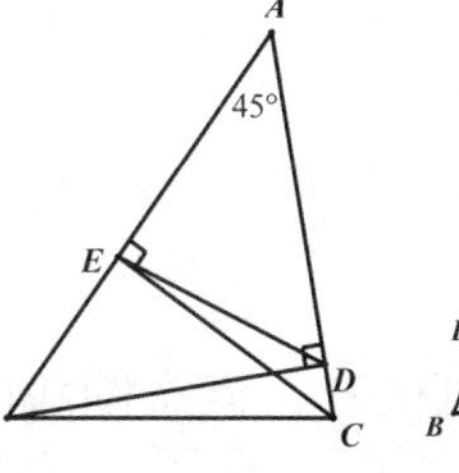

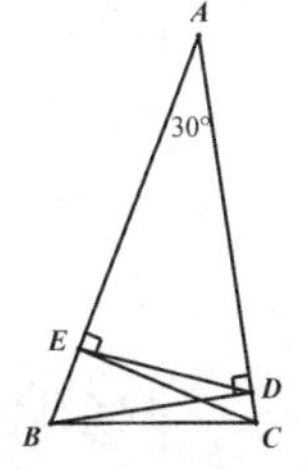

求：$\triangle ADE$与$\triangle ABC$的面积比。

思考 $\triangle ADE$与$\triangle ABC$有一公共角，故面积的比等于这角的两边的积之比。因为这些边都是特殊锐角的$Rt\triangle$中的边，相互间有简单关系，所以本题易于解决。

解 易知 $S_{\triangle ADE}:S_{\triangle ABC}=AD\times AE:AB\times AC$。

$AB=AD\times\sqrt{2}$，$AC=AE\times\sqrt{2}$；

或 $AB=AD\times\frac{2}{\sqrt{3}}$，$AC=AE\times\frac{2}{\sqrt{3}}$。

分别代入前式，得

$S_{\triangle ADE}:S_{\triangle ABC}=AD\times AE:AD\times\sqrt{2}\times AE\times\sqrt{2}=1:2$；

或$S_{\triangle ADE}:S_{\triangle ABC}=AD\times AE:AD\times\frac{2}{\sqrt{3}}\times AE\times\frac{2}{\sqrt{3}}=1:\frac{4}{8}=3:4$。

〔范例64〕设：在梯形$ABCD$中，$AD//BC$，EF是中线，$S_{\triangle ABD}:S_{\triangle CBD}=3:7$。

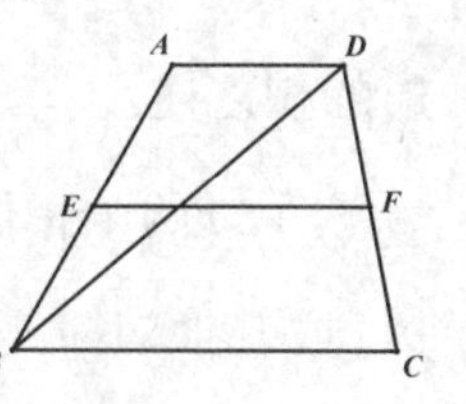

求：梯形$AEFD$与梯形$EBCF$的面积

比。

思考 这两个梯形是等高梯形，它们的面积的比等于两底和的比。梯形$ABCD$的两底是等高的两个三角形ABD及CBD的底，由这两个三角形面积的比，可确定它们的底的比。

解 因$\triangle ABD$与$\triangle CBD$的高相等（都等于梯形的高H），故

$AD:BC=S_{\triangle ABD}:S_{\triangle CBD}=3:7$。

设$AD=3k$，则$BC=7k$，由梯形的中线定理，得

$EF=\frac{1}{2}(3k+7k)=5k$。

又因梯形$AEFD$与梯形$EBCF$的高都是$\frac{1}{2}h$，故

梯形$AEFD=\frac{1}{2}\cdot\frac{1}{2}h(3k+5k)=2hk$;

梯形$EBCF=\frac{1}{2}\cdot\frac{1}{2}h(5k+7k)=3hk$,

$\therefore$ 梯形$AEFD$与梯形$EBCF$的面积比$=2hk:3hk=2:3$。

〔范例65〕设：在$\triangle ABC$中，$DE/\!/FG/\!/BC$，$AD:DF:FB=2:3:4$。

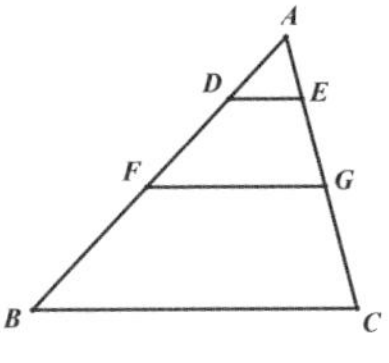

求：$\triangle ADE$、梯形$DFGE$和梯形$FBCG$的面积比。

思考 易知$\triangle ADE\backsim\triangle AFG\backsim\triangle ABC$，因梯形$DFGE$是$\triangle AFG$与$\triangle ADE$的差，梯形$FBCG$是$\triangle ABC$与$\triangle AFG$的差，故可利用相似三角形面积比的定理，及合比、分比的定理来

解本题。

解 因 $AD:DF:FB=2:3:4$,

故由合比定理,得 $AD:AD+DF:AD+DF+FB$

$=2:(2+3):(2+3+4)$,

即 $AD:AF:AB=2:5:9$。

又因 $\triangle ADE\backsim\triangle AFG\backsim\triangle ABC$,

故 $S_{\triangle ADE}:S_{\triangle AFG}:S_{\triangle ABC}=2^2:5^2:9^2$

$=4:25:81$。

于是由分比定理,得

$S_{\triangle ADE}:(S_{\triangle AFG}-S_{\triangle ADE}):(S_{\triangle ABC}-S_{\triangle AFG})=4:(25-4):(81-25)$,

即 $S_{\triangle ADE}:S_{梯形DFGE}:S_{梯形FBCG}=4:21:56$。

研究题二十四

（1）梯形的一条对角线将梯形分面积成3∶7的两部分，从上底的一端引一直线平行于腰，求这直线分梯形所成的两部分面积之比。

（2）三角形的各顶点与内切圆的中心连接，这三直线分三角形所成三部分的面积各是$28cm^2$、$60cm^2$、$80cm^2$，求三角形的三边。

提示　三部分是等高的三角形（各高都等于内切圆的半径），由此可求得原三角形三边的连比是7∶15∶20，以k表示三边的公约量，用海罗公式可列代数式表示原三角形的面积。

（3）延长$\triangle ABC$的边BA到D，使$AD=\frac{1}{5}BA$；延长BC到E，使$CE=\frac{2}{3}BC$，求$S_{\triangle ABC}:S_{\triangle DBE}$。

提示　$BA:BD=5:6$，$BC:BE=3:5$，二式相乘。

（4）在$\triangle ABC$，作$DE/\!/BC$，交AB、AC于D、E，$AD:DB=m:n$，求$S_{\triangle ADE}:S_{梯形DBCE}$。

（5）在$\triangle ABC$中，作底边BC的平行线DE及FG，若$S_{\triangle ADE}:S_{梯形DFGE}:S_{梯形FBCG}=9:55:161$，求$AD:DF:FB$。

（6）$RT\triangle ABC$的斜边AB上的高是CD，$AC:BC=4:3$，$S_{\triangle ACD}-S_{\triangle BCD}=84dm^2$，求$S_{\triangle ABC}$。

提示 $S_{\triangle ACD}:S_{\triangle BCD}=16:9$，应用分比定理。

（7）从圆外一点A引切线AB及割线ACD，$AC:AB=2:3$，$S_{\triangle ABC}=20dm^2$，求$S_{\triangle CBD}$。

（8）圆的二弦AD、BC相交于M，$\overset{\frown}{AB}=120°$，$\overset{\frown}{CD}=90°$，$S_{\triangle ABM}+S_{\triangle CDM}=100cm^2$，求$\triangle ABM$及$\triangle CDM$的面积。

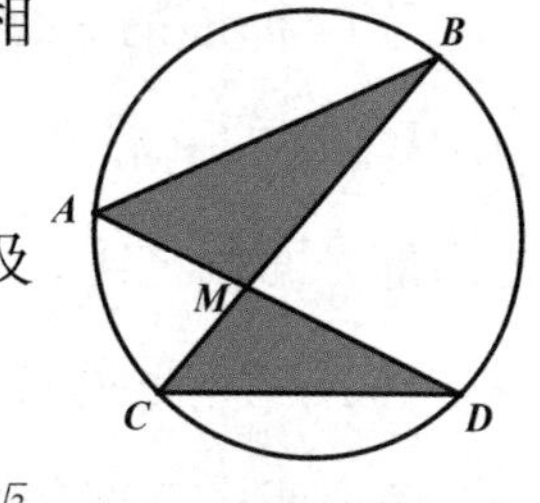

提示 设圆的半径是R，则$AB=r\sqrt{3}$，$CD=r\sqrt{2}$，且$S_{\triangle ABM}\backsim S_{\triangle CDM}$。

(9) 三角形的高是h，作底的平行线平分三角形面积，求这线与顶角的顶点的距离。

(10) 三个相似多角形面积的和是$232dm^2$，周长的连比是2∶3∶4，求各多角形的面积。

（11）$\triangle ABC$的内接菱形是$BDEF$，它们的$\angle B$公共，E点在AC上，$AB:BC=m:n$，求$S_{BDEF}:S_{\triangle ABC}$。

提示 BE分$\angle B$，故$AE:EC=m:n$，$S_{\triangle AFE}:S_{\triangle EDC}:S_{\triangle ABC}=m^2:n^2:(m+n)^2$，$S_{\triangle ABC}-S_{\triangle AFE}-S_{\triangle EDC}:S_{\triangle ABC}=(m+n)^2-m^2-n^2:(m+n)^2$。

(12) 求正三角形、正方形、正六角形的内切圆与外接圆面积的比。

（13）$\odot O$的$\overset{\frown}{AB}=120°$，过$A$、$B$各作一切线相交于$C$，以$C$为圆心作一弧，切$\overset{\frown}{AB}$于$M$，交$CA$、$CB$于$D$、$E$，求扇形$CDME$与扇形$OAMB$面积的比。

提示 OC必过M，且$OM=MC$，$\angle ACB=60°$。

五　几何计算的实际应用

我们已经学过的各种几何计算，在实际上都是应用得到的，不过除了〔范例1〕以外，在形式上都没有把它们写成实际应用题罢了。现在为了引起同学们的兴趣，并使同学们明了怎样把已习的各法运用到实际问题上去，特地在本部分另举一些范例和研究题，以备参考。

〔范例66〕山麓有一塔，塔顶立一旗，一人立在山坡上与竿顶在同一水平线上的一点，见塔和竿对人眼所张的视角* 恰好相等。已知竿高是1丈，塔高是3丈，求人和竿顶间的距离。

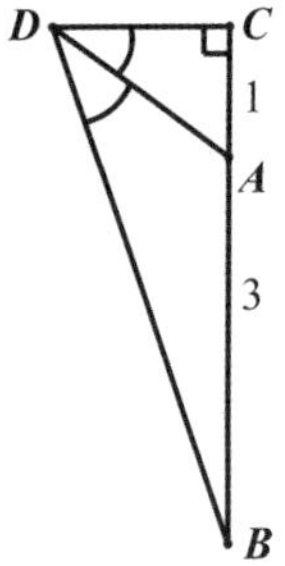

D C 1 A 3 B

设：AB是塔，CA是旗竿，人立在D点，$DC\perp CB$，$\angle CDA=\angle ADB$，CA=1丈，AB=3丈。

求：DC。

思考 因DA是$\triangle CDB$的$\angle D$平分线，其所分对边二分（1丈和3丈）的比，等于两邻边（DC和DB）的比，故以x代DC，则$DB=3x$，可由勾股定理列方程式。

解 因DA平分$\angle CDB$，故

$CA:AB=DC:DB$。

设$DC=x$，连同已知数代入上式，得

*从人眼到物体的两端所连两直线的夹角，叫作物体对人眼所张的视角。

$1:3=x:DB$。

∴ $DB=3x$。

由勾股定理，得方程式 $x^2+(1+3)^2=(3x)^2$。

解得 $x=\sqrt{2}\approx1.4$丈。

〔范例67〕海边的悬崖高出海面5丈，一帆船桅高3丈2尺，帆船离崖外驶，当桅顶离崖顶880丈时，在崖顶的人见桅顶恰好合在水天交界的线上，求地球的半径。

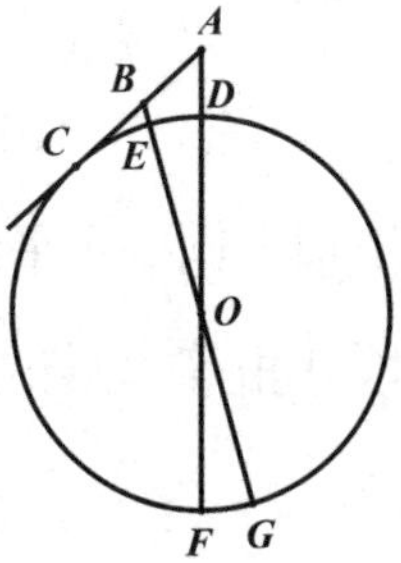

设：地球的中心是O，A是崖顶，B是桅顶，B点在从A所引的切线AC上，AO、BO各交球面于D、E，$AD=50$尺，$BE=32$尺，$AB=8800$尺。

求：半径DO。

思考　已知的AB是从A和B所引圆的两切线的差，AD和BE是从A和B所引圆的两割线的圆外段，而这两条割线的圆内线段是地球的直径——就是所求半径的2倍。照这样看来，本题一定可以利用圆中的比例线段定理来求得解答。

解　延长AO、BO，各交圆于F、G，根据切线与割线的比例定理，得

$\overline{AC}^2=AD\times AF$，$\overline{BC}^2=BE\times BG$。

设$DO=x$，连同已知数代入上列二式，得

$\overline{AC}^2=50(2x+50)=100(x+25)$，

$\overline{BO}^2=32(2x+32)=64(x+16)$。

各开平方，得

$AC=10\sqrt{x+25}$，$BC=8\sqrt{x+26}$。

因$AC-BC=AB=8800$，故得方程式

$10\sqrt{x+25}-8\sqrt{x+26}=8800$。

化为有理方程式，再化简，得

$81x^3-1587513358x+374775487316161=0$。

解得　　　　　　　$x\approx19360000$尺，

即地球半径约为12900里。

注　地球半径数值，在赤道和在两极不同，根据现在的精密测定，折合成我国的市用制在赤道是12756.49里，两极是12713.726里。但在本题中所用的简单测量法，不易得精确的结果，故难免有较大的误差。

〔范例68〕大小两轮以皮带相连。已知两中心相距14尺，半径各为9尺、2尺，求皮带的长。

设：A及B是两轮的中心，$CDHFEGC$是皮带，$AB=14$尺，$AC=AE=9$尺，$BD=BF=2$尺。

求：$CDHFEGC$的长。

思考　仿〔范例19〕，可求外公切线CD及EF的长，再求$\overset{\frown}{DHF}$及$\overset{\frown}{CGE}$的长，相加即可。

解　作$BK // DC$，则

$\angle AKB=\angle ACD=90°$，

$AK=AC-KC=AC-BD=9-2=7$。

$\therefore CD=KB=\sqrt{\overline{AB}^2-\overline{AK}^2}=\sqrt{14^2-7^2}=7\sqrt{8}$。

同理　　　　$EF=7\sqrt{3}$。

又因　　　　$AB=2AK$，

$\therefore \angle KAB=60°$，

同理　　　　$\angle EAB=60°$，

$\therefore \angle DBF=120°$，$\angle CAE$（左侧）$=240°$。

于是得　　　　$\overset{\frown}{DHF}=\frac{120}{300}\cdot 2\pi\cdot 2=\frac{4}{3}\pi$，

$\overset{\frown}{CGE}=\frac{240}{360}\cdot 2\pi\cdot 9=12\pi$。

$\therefore CDHFEGC$的长$=2\times 7\sqrt{8}+\frac{4}{3}\pi+12\pi=14\sqrt{8}+\frac{40}{3}\pi\approx 66.1$尺。

〔范例69〕直立在地上的旗竿，不知道多高，有一根绳从竿顶垂下，量得有3尺长的一段拖在地上。把绳的着地端移动，到离竿足8尺的一点，恰巧把绳拉直，求旗竿的高。

设：AB是旗竿，AC是连在竿顶的绳，

BC是地面，绳垂下时有一段DC拖在地上，$DC=3$尺，$BC=8$尺。

求：AB。

思考 因$AD=AB$，$\triangle ABC$是直角三角形，所以用x代AB后，AC是$x+3$，可利用勾股定理列方程式。

解 设$AB=x$，则$AC=x+3$，得方程式

$x^2+8^2=(x+3)^2$。

解得 $x=9\frac{1}{3}$尺。

注 这问题是古老的勾股问题，见三国时魏刘徽编辑的"九章算术"。

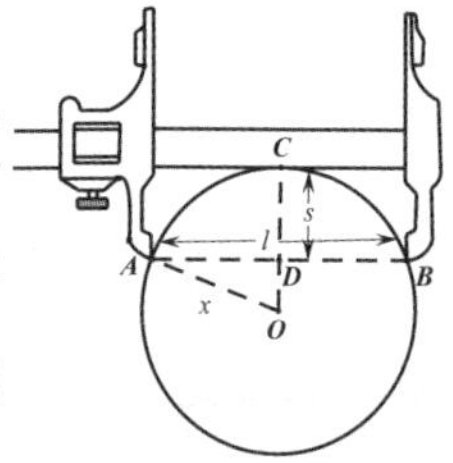

〔范例70〕为了要测出圆柱的直径，使用如图所示的卡尺。卡尺的脚长$s=25mm$，当横杆接触圆柱上的C点，前脚（固定的）端接触B点，后脚（可以在横杆上移动的）端接触A点，卡尺把圆柱"卡住"时，两脚间的距离（横杆上有刻度可以读出）$l=AB=20$厘米。(1)求圆柱的直径D；(2)写出d、l、S的关系式。

思考 已知的l是圆的弦，s是在垂直于弦的半径上夹于弦、弧之间的一部分，可利用勾股定理求半径OA。

解 设圆柱的截面的圆心是O，半径$OA=OC=x$，OC交

AB于D，则$OC\perp AB$，$AD=DB=\frac{1}{2}l$，$CD=s$，$OD=x-s$。由勾股定理，得

$$\overline{OA}^2=\overline{OD}^2+\overline{AD}^2，即x^2=(x-s)^2+\left(\frac{1}{2}l\right)^2。$$

解得　　$x=\frac{l^2+4r^2}{8s}$。

$\therefore d=2x=\frac{l^2+4s^2}{4s}$。

以已知数代入，得　　$d=\frac{200^2+4\times25^2}{4\times25}=425$毫米。

注　在“九章算术”中有一个勾股问题，用与本题类似的方法测算嵌入壁中的圆木直径。算法虽与上述的相同，但测时不用卡尺，须用锯在露出部分上锯一道沟，量沟长（即l）和深度（即s），然后计算。

〔范例71〕有一块梯形田，种甲、乙两品种的水稻。这梯形上底长2丈，下底长7丈，高30丈。今用与底平行的一直线，截梯形田成两部分，上部种甲品种，面积是36平方丈；下部种乙品种，求截线的长及所截上部的高。

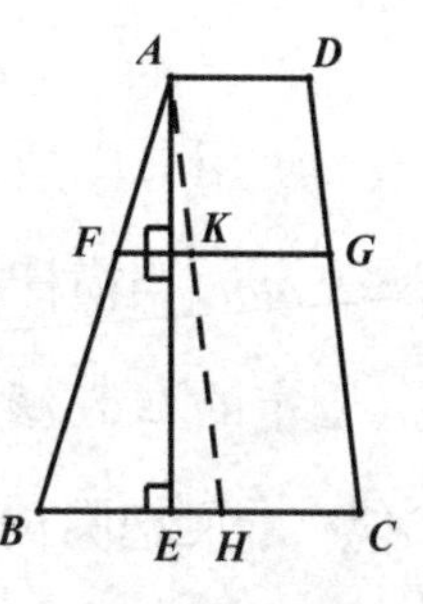

设：在梯形$ABCD$中，$AD//FG//BC$，$AE\perp BC$，$AD=2$丈，$BC=7$丈，$AE=30$丈，$S_{AFGD}=36$平方丈。

求：FG及AL。

思考　以x、y表示两个未知数，从梯形$AFGD$中已知的上

底及面积，可列一方程式，又仿研究题十三(20)，利用相似三角形的比例线段，可列第二方程式。

解 作$AKH // DC$，则$AKGD$及$KHCG$都是平行四边形，所以$HC=KG=AD=2$。又因

$\triangle ABH \backsim \triangle AFK$,

$\therefore BH : FK = AE : AL$。

设$FG=x$，$AL=y$，则$BH=7-2=5$，$FK=x-2$，连同题设的数代入上式，得

$5 : x-2 = 30 : y \cdots\cdots$ (i)。

又由梯形求积的公式，计算$AFGD$的面积，得

$\frac{1}{2}y(x+2)=36 \cdots\cdots$ (ii)。

化(i)式得　　$y=6(x-2) \cdots\cdots$ (iii)。

代人(ii)，得　　$\frac{1}{2} \times 6(x-2)(x+2)=36$。

解得　　$x=4$丈。

代入(iii)式得　　$y=12$丈。

注 这一类的问题叫作"梯田截积"，在中国明朝时，程大位的"算法统宗"里载着它的解法，若把该书所举的解法译成公式，得

$$截长=\sqrt{上底+\frac{2\times截面\times(下底-上底)}{原高}}，\quad 截高=\frac{原高\times(截长-上底)}{下底-上底}。$$

〔范例72〕欲测海岛AB的高，在海边立2丈高的竿GH，

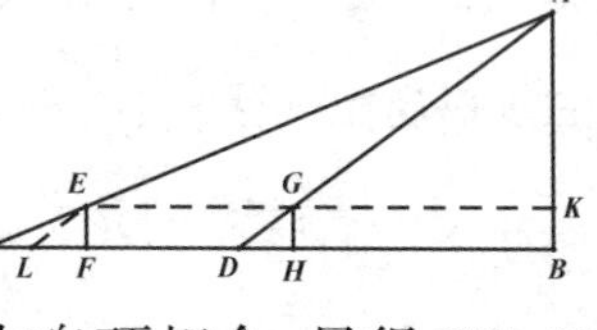

人眼着地，在D处见竿尖与岛顶相合，量得DH=32尺，退行到F，再立同样高的竿EF，使与GH相距20丈，人眼着地在C，又见竿尖与岛顶相合，量得CF=48尺。求岛高。

解　连EG，延长交AB于k，又作$EL/\!/AG$，因EF、GH、AB都垂直于CB，又$EF=GH$，故$EK/\!/CB$。于是知

$\triangle ECL\backsim\triangle AEG$，$CL:EG=EL:AG$。

又　　$\triangle EFL\backsim\triangle AKG$，$EF:AK=EL:AG$。

∴　　$CL:EG=EF:AK$，$AK=\frac{EG\times EF}{CL}$。

又因　　$\triangle EFL\cong\triangle GHD$，故$LF=DH$，

$CL=CF-LF=CF-DH$。

代入前式，得公式　　$AK=\frac{EG\times EF}{CF-DH}$。

以已知数代入公式，得　　$AK=\frac{200\times 20}{48-32}=250$。

又因$KB=EF=20$，故　　$AB=250+20=270$尺。

注　这一种问题的算法叫作“重差”，中国在两千多年前就发明了，和三角学里的测量问题的解法类似。最初在《周髀算经》里，“陈子”用比法来测太阳的高和远，但是他把地面看作平面，所得的答案不真确；后来在三国时，魏刘徽用来测海岛，就完全切合实用了。

研究题二十五

(1) 在〔范例72〕中，试仿求岛高的方法，计算海岛的远HB，但不要利用已求得的AK或AB的数值。

(2) 一人从某点北行5里，接着又东行12里，南行4里，这时候他同出发点的距离是多少？

(3) 某地图的比例尺是1∶20000（即实地的长是地图上的长的20000倍）。在这地图上量得一湖的面积是2平方寸，问这湖的实际面积是几平方里？

提示　把湖看作是一个多角形，地图上的湖和实际的湖是相似多角形，它们的对应边的比是1∶20000。

(4) 杠杆的短臂AC是$0.75m$，长臂BC是$375m$，当短臂的端点下降的距离$A'D$为$0.5m$时，长臂的端点上升的距离$B'E$是多少？

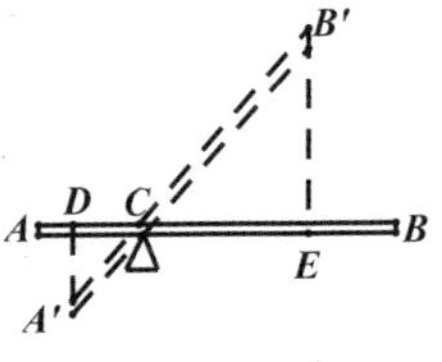

(5) 铆钉的圆柱直径$d=16.5mm$，测大部分的高$h=7.5mm$，角度$a=60°$。(1) 求顶上的圆面直径D；(2) 写出D、d、k间的关系式。

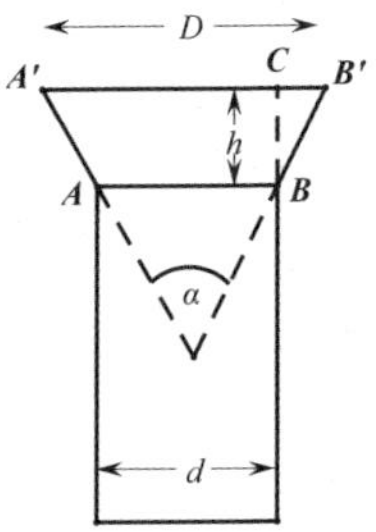

提示　$\triangle OAB$及$\triangle OA'B'$都是正三角

形，故$BB'=D-d$，在$Rt\triangle BB'C$中，$B'C=\frac{1}{2}BB'$，$BC=h$，可由勾股定理得方程式。

（6）摆长$MA=1m$，当这摆振动到MB的位置时，摆球升高的距离$CA=10cm$，求B与MA的距离（即BC）。

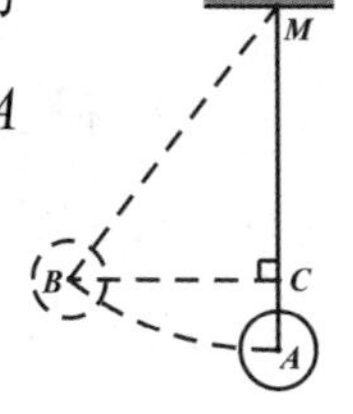

（7）一旗竿高45尺，上部被风吹折，竿顶落于地上的B点，设$\angle B=30°$，求折处C到竿A的高。

（8）一人从楼下平地望塔顶的仰角是60°，又在楼顶望塔顶的仰角是30°，已知楼高30尺，求塔高。

提示　设塔高AB为x，可用代数式表示楼与塔的距离DB或CE，再表示塔高与楼高的差AE，列方程式。

（9）一帆船受到吹向正东方每小时10里的风力，同时又受到冲向东北方每小时8里的潮力，问这帆船真正的速度是多少？

提示　若单受风力，则这帆船在1小时内可从A达到B；若单受潮力，则1小时内可从B达到C。现在同时受两力，那么在1小时内一定可以从A达到C。

(10)一人欲测塔高AB，先从塔足B在水平的地上走到C，测得塔顶的仰角是$30°$，再依原方向走30丈到D，测得仰角是$15°$，求塔高。

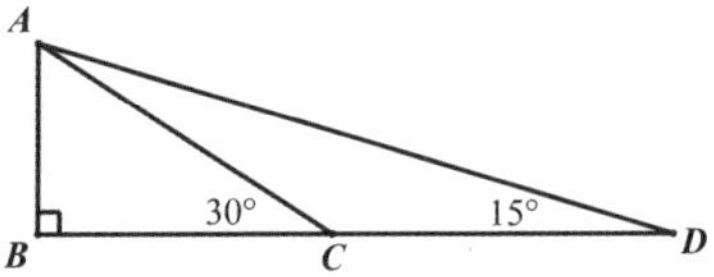

(11)直路的上方有一气球，两人同时在直路的两端测得气球的仰角是$30°$及$45°$，已知路长60丈，求气球的高。

(12)公路间$AB=50m$，距离公路的一侧离B为$500m$处有敌人的瞭望台，台高$MN=22m$，问在B处须设置多高的伪装物，才能使敌人看不见公路?

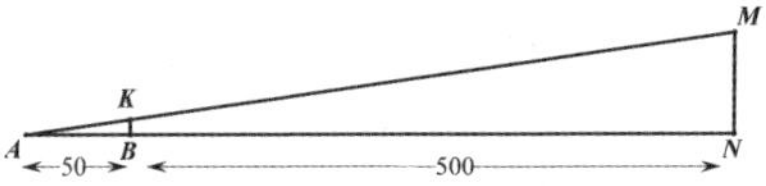

(13)距一条直路MN500m处，布置了平行于直路的射击网CD，射击网两端射手间的距离是120m，有效射击距离是2.8公里，求在射击网控制下的路长AB。

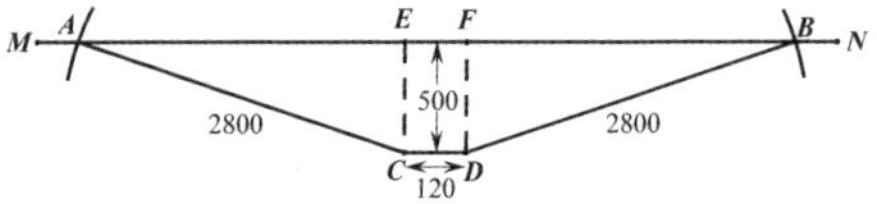

(14)在某一时刻的日光下，量得塔影的长是48尺，而这时立在平地的8尺高的竿，影长3尺，求塔高。

注 这问题的算法就是《孙子算经》的度影量竿法，中国古代早已有利用相似三角形的几何计算。

(15)用直径1寸、长8尺的圆筒，对准太阳，人眼从筒的一端向筒内望去，见太阳正好镶嵌在另一端的筒口，若已知太阳与地球距a里，求太阳的直径。

注　这也是《周髀算经》里陈子测太阳的问题，原书所用太阳与地球的距离的数值，是把地面当作平面测算的，所以并不准确，这里用A来代表。

（16）灯塔的顶（A）高出海面36尺，轮船的甲板（B）高出海面22尺，从甲板远望，恰见灯的顶在地平线之外（即AB线恰巧切于地球面），求轮船和灯塔的距离（为求计算方便，假定地球的半径是13000里）。

提示　分别求切线AC及BC的长。

（17）正六角形的螺旋帽，每边A=2.5cm，攀子和螺旋帽间的空隙，两方各为0.5mm，求攀子口W的尺度。

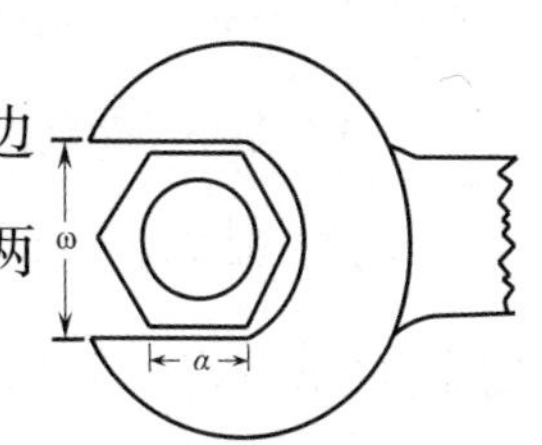

（18）人行道的宽（AB）是1丈，转角处成一弧形，设弧形的圆心角（$\angle O$）是60°，内弧的半径（OB）是16尺，求这人行道转角部分的面积。

（19）圆形地的直径是39尺，划出一块宽15尺的最大型球场，其余的部分铺草，求草地的面积。

（20）大小两轮以皮带相连，半径分别是9尺、2尺，若大轮每分钟转40周，问小轮每分钟转几周（参阅〔范例68〕的图）？

（21）麻绳的横截面是圆，周长18厘米，破坏负担为每平方厘米100公斤（即横截面积每1平方厘米上所受的负担如果超过100公斤，绳就会坏）。求这绳最多能负担多大重量？

（22）直立在地面上的锅炉圆筒，其底部外直径为78厘米，内直径为36厘米，筒重752公斤，求与锅炉接触的地面上每平方厘米所受到的压力。